高等职业教育"十三五"创新型规划教材

会计综合模拟实训

韩 潇 孙桂春 主 编
张健丽 郑志强 缪金和 副主编

北京理工大学出版社
BEIJING INSTITUTE OF TECHNOLOGY PRESS

版权专有 侵权必究

图书在版编目（CIP）数据

会计综合模拟实训/韩潇，孙桂春主编. —北京：北京理工大学出版社，2017.2（2019.2重印）
　ISBN 978-7-5682-3550-1

　Ⅰ.①会… Ⅱ.①韩…②孙… Ⅲ.①会计学－高等学校－教材 Ⅳ.①F230

中国版本图书馆 CIP 数据核字（2017）第 008762 号

出版发行　/　北京理工大学出版社有限责任公司
社　　址　/　北京市海淀区中关村南大街 5 号
邮　　编　/　100081
电　　话　/　（010）68914775（总编室）
　　　　　　（010）82562903（教材售后服务热线）
　　　　　　（010）68948351（其他图书服务热线）
网　　址　/　http：//www.bitpress.com.cn
经　　销　/　全国各地新华书店
印　　刷　/　北京富达印务有限公司
开　　本　/　710 毫米 × 1000 毫米　1/16
印　　张　/　16　　　　　　　　　　　　　　　责任编辑　/　申玉琴
字　　数　/　305 千字　　　　　　　　　　　　文案编辑　/　申玉琴
版　　次　/　2017 年 2 月第 1 版　2019 年 2 月第 2 次印刷　　责任校对　/　周瑞红
定　　价　/　39.00 元　　　　　　　　　　　　责任印制　/　李志强

图书出现印装质量问题，请拨打售后服务热线，本社负责调换

前　　言

　　会计综合模拟实训是会计专业必修的一门专业技能课，是会计专业的综合应用课程，是集理论与实践为一体的融合性课程。教材在结构体系上突出会计岗位技能训练，围绕不同会计岗位的具体工作任务设计实训内容，充分体现理实一体化教学理念，使学生在实际操作中，巩固会计专业知识，掌握会计核算综合技能，为今后就业奠定扎实的基础。

　　本教材为校企合作共同开发的教材，在编写过程中，聘请内蒙古仕奇集团会计师郑志强参与指导工作，他为教材的编写提出了宝贵意见。本教材内容简洁、结构清晰，满足会计工作实际需要，充分体现高职会计专业培养目标。本教材的特色包括以下方面：

　　1. 理实一体化。为巩固会计专业知识和强化专业技能，会计岗位实训内容包括岗位介绍、实训指导和实训演练，充分体现理实一体化教学理念。

　　2. 突出会计岗位技能训练。本教材以服装企业发生的经济业务为例，通过仿真练习与实际操作，不仅能使学生掌握会计核算的综合技能和方法，而且能让学生切身体会并尝试出纳、核算会计、成本会计、总账会计、会计主管等不同会计岗位的具体工作，从而对企业会计核算过程有一个比较系统、完整的认识，培养学生分析问题、解决问题的能力和动手操作技能。

　　3. 可操作性强。全书共分7个项目，包括企业认知、出纳岗位实训、核算会计岗位实训、成本会计岗位实训、总账会计岗位实训、会计主管岗位实训、会计岗位综合模拟实训。实训项目围绕工业企业主要经济业务，选取常见的会计核算业务，还附有实训所需大量的原始凭证、记账凭证、会计账簿、财务报表等资料，具有很强的可操作性。

　　本教材由韩潇、孙桂春担任主编，并负责全书的统稿和最后定稿工作，张健丽、郑志强、缪金和担任副主编。其中项目1、项目6由张健丽编写，项目2、项目4由韩潇编写，项目3、项目7由孙桂春编写，项目5由郑志强、缪金和编写。

　　由于编者水平有限，书中难免存在不足之处，敬请读者提出修改意见，以便修订时改进，在此表示感谢！

编　者

目　　录

项目1　企业认知 ·· 001
　任务1.1　企业设立 ·· 001
　任务1.2　企业组织机构 ··· 008
　任务1.3　公司合并、分立与减资 ·· 014
　任务1.4　公司清算 ·· 015

项目2　出纳岗位实训 ·· 017
　【岗位概述】 ·· 017
　【岗位职责】 ·· 017
　【岗位实训】 ·· 017
　任务2.1　会计书写规范 ··· 017
　任务2.2　原始凭证的填制 ·· 020
　任务2.3　日记账的登记 ··· 033
　任务2.4　银行存款余额调节表的编制 ·· 037

项目3　核算会计岗位实训 ·· 040
　【岗位概述】 ·· 040
　【岗位职责】 ·· 040
　【岗位实训】 ·· 040
　任务3.1　专用记账凭证的填制与审核 ·· 040
　任务3.2　通用记账凭证的填制与审核 ·· 050
　任务3.3　明细分类账的登记 ·· 067
　任务3.4　错账的更正 ··· 073

项目4　成本会计岗位实训 ·· 084
　【岗位概述】 ·· 084
　【岗位职责】 ·· 084
　【岗位实训】 ·· 084
　任务4.1　品种法 ··· 084
　任务4.2　分步法 ··· 096

项目5　总账会计岗位实训 ·· 104
　【岗位概述】 ·· 104
　【岗位职责】 ·· 104
　【岗位实训】 ·· 104

任务 5.1　期初建账 …………………………………………………………… 104

　　任务 5.2　总分类账的登记 ……………………………………………………… 106

项目 6　会计主管岗位实训 ……………………………………………………… 121

　【岗位概述】 ……………………………………………………………………… 121

　【岗位职责】 ……………………………………………………………………… 121

　【岗位实训】 ……………………………………………………………………… 122

　　任务 6.1　试算平衡表的编制 …………………………………………………… 122

　　任务 6.2　资产负债表的编制 …………………………………………………… 128

　　任务 6.3　利润表的编制 ………………………………………………………… 134

项目 7　会计岗位综合模拟实训 ………………………………………………… 138

附录　会计岗位综合模拟实训——原始凭证 …………………………………… 145

参考文献 …………………………………………………………………………… 246

项目 1

企业认知

任务 1.1　企业设立

企业是依法设立的，以盈利为目的，从事商品生产或经营活动的，独立进行经济核算，自负盈亏，在法律上具有主体（主体，是指依照法律、法规能够享有经济权利和承担经济义务的组织或个人）资格的经济组织。

一、公司注册流程

公司注册前，为了保证顺利、快速取得营业执照，就必须提前做好准备，确定公司注册的类型、公司经营范围、公司注册地址，拟定公司注册名称。公司注册流程包括：工商局核名、办理工商登记、篆刻公司印章、银行开户、税务登记。

（一）工商局核名

1. 名称预查

领取并填写《企业名称（变更）预先核准申请书》《投资人授权委托意见》；同时准备相关材料，股东、法人提供身份证。名称预查在公司注册所在地区的工商局办理。

2. 名称审核

递交《企业名称（变更）预先核准申请书》、投资人身份证、备用名称若干及相关材料，等待名称核准结果。市工商局审核，一般需要 5 个工作日左右。

3. 领取《企业名称预先核准通知书》

市工商局名称审核通过后，由区工商局打印《企业名称预先核准通知书》。企业凭受理通知书领取《企业名称预先核准通知书》。《企业名称预先核准通知书》有效期为半年，若半年内还未办理工商登记，可以申请延期。注册公司核名所需材料有：

①全体股东的身份证原件、复印件。

②各股东的出资金额及比例。
③拟申请公司名称1～10个。
④公司主要经营范围。

(二) 办理工商登记

办理营业执照步骤：①提交网审材料；②网审通过后打印纸质材料并提交到工商局；③工商局审核通过，通知企业领取营业执照（如图1-1所示）。

图1-1 营业执照

在申请营业执照时，企业需要提交的材料包括：
①公司法定代表人签署的《公司设立登记申请书》。
②董事会签署的《指定代表或者共同委托代理人的证明》。
③由发起人签署或由会议主持人和出席会议的董事签字的股东大会或者创立大会会议记录（募集设立的提交），即股东会决议（设立）。
④全体发起人签署或者全体董事签字的公司章程。
⑤自然人身份证件复印件。
⑥董事、监事和经理的任职文件及身份证件复印件。
⑦法定代表人任职文件及身份证件复印件。

⑧住所使用证明。

⑨《企业名称预先核准通知书》。

(三) 篆刻公司印章

目前,注册公司已经实行三证合一,即在申请营业执照时,营业执照、税务登记证和组织机构代码证无须在三个窗口办理,一个窗口就可以办理,三张证号统一到一张营业执照上,因此公司注册申请人无须再单独办理税务登记证和组织机构代码证,领取营业执照后即可篆刻印章。

注册公司需要篆刻的印章:①企业公章;②企业财务章;③企业法定代表人个人印鉴;④企业合同章;⑤企业发票专用章。篆刻公司印章需要准备的材料:①营业执照副本原件及复印件;②法人身份证原件及复印件;③委托人身份证原件及复印件。

(四) 银行开户

银行开户一般流程:受理开户材料→报送该银行所属分行→分行报送人民银行账户管理部→人民银行账户管理部对报送材料进行审核→审核通过后分行派人领取开户许可证→开户银行派人到分行领取开户许可证→通知客户领取开户许可证(如图1-2所示)。

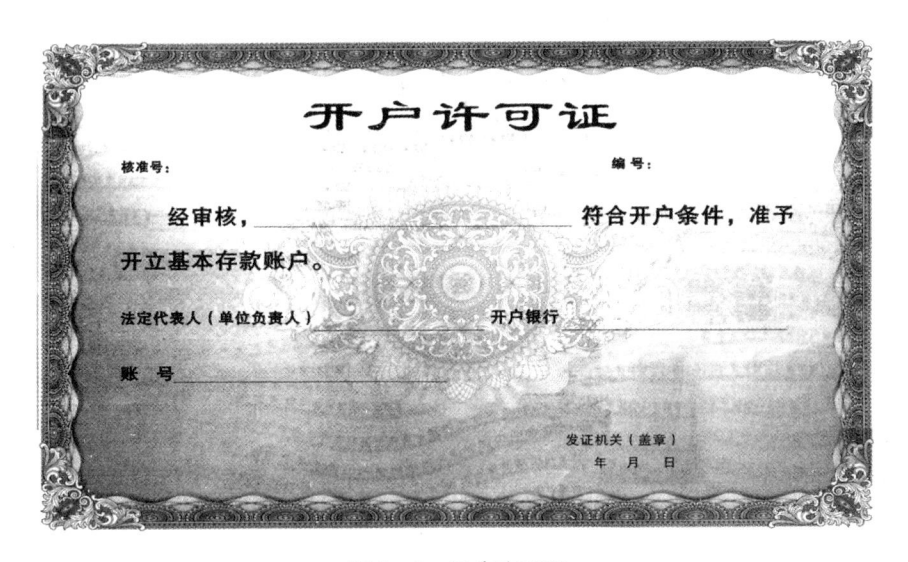

图1-2 开户许可证

(五) 税务登记

"三证合一"并非是将税务登记取消了,税务登记的法律地位仍然存在,只是改为由工商行政管理部门受理,核发一个加载法人和其他组织统一社会信用代码的营业执照，这个营业执照在税务机关完成信息补录后，具备税务登记证的法律地位和作用。但是企业在取得"三证合一、一照一码"证照后，30日内未去税务机关报到，不属于逾期登记。

"三证合一"登记制度是指将企业登记时依次申请，分别由工商行政管理部门核发工商营业执照、质量技术监督部门核发组织机构代码证、税务部门核发税务登记证，改为一次申请、由工商行政管理部门核发一个营业执照的登记制度。

根据投资来源或组成的不同，企业可分为法人型和非法人型两类。其中，非法人型包括个人独资企业、合伙企业等；法人型包括有限责任公司、股份有限公司等。

二、合伙企业的设立

（一）合伙人

①合伙人至少为2人以上，对于合伙人数的最高限额，合伙企业法未作规定。

②合伙人可以是自然人，也可以是法人或者其他组织（如个人独资企业、合伙企业）。

③合伙人为自然人的，应当具有完全民事行为能力。无民事行为能力人和限制民事行为能力人不得成为普通合伙企业的合伙人，但可以成为有限合伙人。

④国有独资公司、国有企业、上市公司以及公益性的事业单位、社会团体不得成为普通合伙人，但可以成为有限合伙人。

（二）出资

①合伙人可以以货币、实物、知识产权、土地使用权或者其他财产权利出资，也可以以劳务出资。

②合伙人以实物、知识产权、土地使用权或者其他财产权利出资，需要评估作价的，可以由全体合伙人协商确定，也可以由全体合伙人委托法定评估机构评估。

③合伙人以劳务出资的，其评估办法由全体合伙人协商确定，并在合伙协议中载明。

④合伙人应当按照合伙协议约定的出资方式、数额和缴付期限，履行出资义务。

(三) 企业名称

①普通合伙企业应当在名称中标明"普通合伙"字样。
②特殊的合伙企业应当在名称中标明"特殊合伙"字样。
③有限合伙企业名称中应当标明"有限合伙"字样。

(四) 合伙协议

①合伙协议经全体合伙人签名、盖章后生效。
②修改或者补充合伙协议，应当经全体合伙人一致同意；但是合伙协议另有约定的除外。

三、股份有限公司的设立

(一) 设立条件

公司法规定，设立股份有限公司，应当具备下列条件：
①发起人符合法定人数。
②有符合公司章程规定的全体发起人认购的股本总额或募集的实收股本总额。
③股份发行、筹办事项符合法律规定。
④发起人制定公司章程；采用募集方式设立的公司，公司章程须经创立大会通过。
⑤有公司名称，建立符合股份有限公司要求的组织机构。
⑥有公司住所。

(二) 发起人条件

①根据公司法规定，发起人为2人以上200人以下，其中须有半数以上的发起人在中国境内有住所。
②发起人承担公司筹办事务。发起人应当签订发起人协议，明确各自在公司设立过程中的权利和义务。
③为设立公司而签署公司章程、向公司认购出资或者股份并履行公司设立职责的人，应当认定为公司的发起人。发起人的主要特征是履行公司设立职责的股东。

(三) 财产条件

股份公司采取发起设立的，注册资本为在登记机关登记的全体发起人认购的股本总额。在发起人认购的股份缴足前，不得向他人募集股份。

股份公司采取募集设立的，注册资本为在登记机关登记的实收股本总额。发起人认购的股份不得少于公司股份总数的35%；但是法律、行政法规另有规定的，从其规定。

（四）设立方式

股份有限公司可以通过发起方式或者募集方式设立。

发起设立，是指由发起人认购公司应发行的全部股份而设立公司。在发起设立方式下，发起人认缴全部出资后，按照公司章程的规定缴纳出资额。

募集设立，是指由发起人认购公司应发行股份的一部分，其余股份向社会公开募集或者向特定对象募集而设立公司。在募集设立方式下，发起人以及认购人应当一次缴纳出资额。

（五）设立程序

①签订发起人协议。

②报经有关部门批准。除法律、行政法规有特别规定的外，设立股份公司不需要经过特别批准。

③申请名称预先核准，制定公司章程。

④认购股份。发起人、认购人缴纳股款或者交付抵作股款的出资后，除未按期募足股份、发起人未按期召开创立大会或者创立大会决议不设立公司的情形外，不得抽回其股本。

⑤选举董事会和监事会，由董事会依法向登记机关申请设立登记。

⑥发行股票。股份有限公司成立后，即向股东正式交付股票，公司成立前不得向股东交付股票。公司发行股票可分为记名股票、不记名股票。公司向发起人、法人发行的股票，应当为记名股票。

⑦公告。公告登记的内容应当与登记机关核准登记的内容一致。

四、有限责任公司的设立

（一）设立条件

根据公司法规定，设立有限责任公司，应当具备下列条件：股东符合法定人数；有符合公司章程规定的全体股东认缴的出资额；股东共同制定公司章程；有公司名称，建立符合有限责任公司要求的组织机构；有公司住所。

1. 股东条件

我国公司法规定有限责任公司由50个以下股东出资设立，允许设立一人有限责任公司。同时，出资设立公司的股东还要符合相应的资格条件。

2. 财产条件

①有限责任公司的注册资本为在登记机关登记的全体股东认缴的出资额。

②有限责任公司出资形式和缴纳方式的要求与股份有限公司相同。

3. 组织条件

（1）公司章程的制定和修改。

有限责任公司必须由股东共同依法制定公司章程，一人有限责任公司公司章程由股东制定。但是，国有独资公司章程由国有资产监督管理机构制定，或者由董事会制定并报国有资产监督管理机构批准。公司章程制定之后，股东应当在公司章程上签名、盖章。

公司章程的修改必须经过股东会审议，并且应当经过代表2/3以上表决权的股东通过。

（2）公司章程的内容。

有限责任公司章程应当载明下列事项：①公司名称和住所；②公司经营范围；③公司注册资本；④股东的姓名或者名称；⑤股东的出资方式、出资额和出资时间；⑥公司的机构及其产生办法、职权、议事规则；⑦公司法定代表人；⑧股东会认为需要规定的其他事项。

（二）设立程序

有限责任公司的设立登记程序与前述股份有限公司的设立程序基本相同，这里仅就公司设立登记后的有关内容作补充说明。

1. 公告

登记主管机关核准登记后，应当发布公司登记公告。公告内容一般包括公司名称、住所、法人代表、公司类型、注册资本、经营范围和经营方式、注册号等。公告后，公司设立程序即为完成。公司登记的事项可以对抗第三人。公司未经登记的事项，不得对抗第三人。

2. 出资证明书

有限责任公司成立后，应当向股东签发出资证明书。出资证明书由公司盖章。当事人依法履行出资义务或者依法继受取得股权后，公司未根据公司法的规定签发出资证明书、记载于股东名册并办理登记，当事人请求公司履行上述义务的，人民法院应予支持。

3. 股东名册

有限责任公司应当置备股东名册。记载于股东名册的股东，可以依股东名册主张行使股东权利。

任务 1.2　企业组织机构

一、股份有限公司的组织机构

（一）股东大会

1. 职权

股东大会是股份有限公司的权力机构，由全体股东组成。股东大会的职权包括：决定公司的经营方针和投资计划；选举和更换由非职工代表担任的董事、监事，决定有关董事、监事的报酬事项；审议批准董事会的报告；审议批准监事会或者监事的报告；审议批准公司的年度财务预算方案、决算方案；审议批准公司的利润分配方案和弥补亏损方案；对公司增加或者减少注册资本作出决议；对发行公司债券作出决议；对公司合并、分立、变更公司形式、解散和清算等事项作出决议；修改公司章程；公司章程规定的其他职权。

2. 股东大会形式

股东大会分为年会与临时大会。股东年会应当每年召开一次。上市公司的年度股东大会应当于上一会计年度结束后的 6 个月内举行。

有下列情形之一的，应当在两个月内召开临时股东大会：

①董事人数不足公司法规定人数或者公司章程所定人数的 2/3 时。

②公司未弥补的亏损达实收股本总额 1/3 时。

③单独或者合计持有公司 10% 以上股份的股东请求时。

④董事会认为必要时。

⑤监事会提议召开时。

⑥公司章程规定的其他情形。

3. 股东大会的召集

股东大会由董事会召集、董事长主持；董事长不能或者不履行职务的，由副董事长主持；副董事长不能或者不履行职务的，由半数以上董事共同推举一名董事主持。董事会不能或者不履行召集股东大会会议职责的，监事会应当及时召集和主持；监事会不召集和主持的，连续 90 日以上单独或者合计持有公司 10% 以上股份的股东可以自行召集和主持。

召开股东大会，应当将会议召开的时间、地点和审议的事项于会议召开 20 日前通知各股东；临时股东大会应当于会议召开 15 日前通知各股东；发行无记名股票的股东大会，应当于会议召开 30 日前公告会议召开的时间、地点和审议事项。

上市公司应在保证股东大会合法、有效的前提下，通过各种方式和途径，包括充分运用现代信息技术手段，扩大股东参与股东大会的比例。股东大会时间、地点的选择应便于尽可能多的股东参加会议。

单独或者合计持有公司3%以上股份的股东，可以在股东大会召开10日前提出临时提案并书面提交董事会；董事会应当在收到提案后两日内通知其他股东，并将该临时提案提交股东大会审议。临时提案的内容应当属于股东大会职权范围，并有明确议题和具体决议事项。股东大会不得对在股东通知中未列明的事项作出决议。无记名股票持有人出席股东大会会议的，应当于会议召开5日前至股东大会闭会时将股票交存于公司。

4. 股东大会的表决和决议事项

股东出席股东大会，所持每一股份都有一表决权。股东可以委托代理人出席股东大会，代理人应当向公司提交股东授权委托书，并在授权范围内行使表决权。公司持有的本公司股份没有表决权。

上市公司董事会、独立董事和符合有关条件的股东可向上市公司股东征集其在股东大会上的投票权。投票权的征集应采取无偿的方式，并应向被征集人充分披露信息。

股东大会决议的事项分为普通事项与特别事项两类。

①股东大会对普通事项作出决议，必须经出席会议的股东所持表决权过半数通过。

②股东大会对修改公司章程、增加或者减少注册资本，以及公司合并、分立、解散或者变更公司形式的特别事项作出决议，必须经出席会议的股东所持表决权的2/3以上通过。

（二）董事会

1. 董事会的概念

董事会是依法由股东大会选举产生的董事组成，代表公司并行使经营决策的常设机关。董事会是公司的决策机关。

2. 董事会成员的组成

董事会的成员为5~19人。董事应当遵守有关董事义务的规定。董事由股东大会选举产生。

董事会成员中可以有公司职工代表。董事会中的职工代表由公司职工通过职工代表大会、职工大会或者其他形式民主选举产生。

上市公司应在其公司章程中规定规范、透明的董事选聘程序，保证董事选聘公开、公平、公正、独立。上市公司应和董事签订聘任合同，明确公司和董事之间的权利义务、董事的任期、董事违反法律法规和公司章程的责任以及公司因故提前解除合同的补偿等内容。

3. 董事的任期

董事任期由章程规定，但每届任期不得超过3年。董事任期届满，连选可以连任。董事任期届满未及时改选，或者董事在任期内辞职导致董事会成员低于法定人数的，在改选出的董事就任前，原董事仍应当依照法律、行政法规和公司章程的规定履行董事职务。

4. 董事会职权

董事会对股东大会负责，行使下列职权：召集股东大会，并向股东大会报告工作；执行股东大会的决议；决定公司的经营计划和投资方案；制定公司的年度财务预算方案、决算方案；制定公司的利润分配方案和弥补亏损方案；制定公司增加或者减少注册资本以及发行公司债券的方案；制定公司合并、分立、变更公司形式、解散的方案；决定公司内部管理机构的设置；决定聘任或者解聘公司经理及其报酬事项，并根据经理的提名决定聘任或者解聘公司副经理、财务负责人及其报酬事项；制定公司的基本管理制度；公司章程规定的其他职权。

（三）经营管理机关

1. 经营管理机关的概念

经营管理机关是指由董事会聘任的、负责公司日常经营管理活动的公司常设业务执行机关。这里指公司的经理。与董事会、监事会不同的是，经理不是以会议形式形成决议机关，而是以自己最终意志为准的执行机关。

2. 经理的职权

①主持公司的生产经营管理工作，组织实施董事会决议。

②组织实施公司年度经营计划和投资方案。

③拟订公司内部管理机构设置方案。

④拟订公司的基本管理制度。

⑤制定公司的具体规章。

⑥提请聘任或者解聘公司副经理、财务负责人。

⑦决定聘任或者解聘除应由董事会决定聘任或者解聘以外的负责管理人员。

⑧董事会授予的其他职权。经理列席董事会会议。

为保证上市公司与控股股东在人员、资产、财务上严格分开，上市公司的总经理必须专职，总经理在集团等控股股东单位不得担任除董事以外的其他职务。

公司应当定期向股东披露董事、监事、高级管理人员从公司获得报酬的情况。公司不得直接或者通过子公司向董事、监事、高级管理人员提供借款。上市公司总经理及高层管理人员（副总经理、财务主管和董事会秘书）必须在上市公司领薪，不得由控股股东代发薪水。

（四）监事会

1. 监事会的概念

监事会是由依法产生的监事组成，对董事和经理的经营管理行为及公司财务进行监督的常设机构。它代表全体股东对公司经营管理进行监督，行使监督职能，是公司的监督机构。

2. 监事会成员的组成

①监事会的成员不得少于3人。

②监事会应当包括股东代表和适当比例的公司职工代表，其中职工代表的比例不得低于1/3，具体比例由公司章程规定。监事会中的职工代表由公司职工通过职工代表大会、职工大会或者其他形式民主选举产生。

③董事、高级管理人员不得兼任监事。

④上市公司的监事应具有法律、会计等方面的专业知识或工作经验，监事会的人员和结构应确保监事会独立有效地行使对董事、经理和其他高级管理人员及公司财务的监督和检查。

3. 监事会机构设置

监事会设主席一人，副主席若干。监事会主席和副主席由全体监事过半数选举产生。

监事会主席召集和主持监事会；监事会主席不能或者不履行职务的，由监事会副主席召集和主持监事会会议；监事会副主席不能或者不履行职务的，由半数以上监事共同推举一名监事召集和主持监事会。

4. 监事任期和监事会职权

监事的任期每届为3年。监事任期届满，连选可以连任。

监事会行使下列职权：检查公司财务；对董事、高级管理人员执行公司职务的行为进行监督，对违反法律、行政法规、公司章程或者股东会决议的董事、高级管理人员提出罢免的建议；当董事、高级管理人员的行为损害公司的利益时，要求董事、高级管理人员予以纠正；提议召开临时股东大会，在董事会不履行法律规定的召集和主持股东大会职责时召集和主持股东大会；向股东大会提出提案；依照公司法第一百五十二条的规定，对董事、高级管理人员提起诉讼；公司章程规定的其他职权。

监事可以列席董事会，并对董事会决议事项提出质询或者建议。

监事会行使职权所必需的费用，由公司承担。

监事会发现公司经营情况异常，可以进行调查；必要时，可以聘请会计师事务所等协助其工作，费用由公司承担。

二、有限责任公司的组织机构

（一）股东会

1. 股东会的职权

有限责任公司股东会由全体股东组成，股东会是公司的权力机构。股东会的职权与股份公司类似。

有限责任公司股东以书面形式一致表示同意的，可以不召开股东会，直接作出决定，并由全体股东在决定文件上签名、盖章。

"全体股东在决定文件上签名、盖章"是决定的书面证据而非法定形式。无"决定文件"而有其他充分证据的也可以证明决定的存在。

2. 股东会的形式

股东会分为定期会议和临时会议。

定期会议是指依据法律和公司章程的规定，在一定时间内必须召开的股东会议。有限责任公司的定期会议一般在每一个会计年度结束之后召开，每年召开一次。

临时会议是指在定期会议之外必要的时间，由于法定事由或者根据法定人员、机构的提议召开的股东会议。根据公司法的有关规定，代表 1/10 以上表决权的股东、1/3 以上的董事、监事会或者不设监事会的公司的监事提议召开临时会议的，应当在两个月内召开临时股东会议。

（二）董事会

1. 董事会的组成

董事会是依法由股东会选举产生的董事组成，代表公司并行使经营决策的常设机关。董事会是公司的决策机关。

有限责任公司董事会的成员为 3~13 人。

股东人数较少或者规模较小的有限责任公司，可以设一名执行董事，不设立董事会，执行董事的职权与董事会相当。

两个以上的国有企业或者其他两个以上的国有投资主体投资设立的有限责任公司，其董事会成员中应当有公司职工代表；其他有限责任公司董事会成员中也可以有公司职工代表。董事会中的职工代表由公司职工通过职工代表大会、职工大会或者其他形式民主选举产生。

董事会设董事长一人，副董事长若干。董事长、副董事长的产生由公司章程规定。

2. 董事任期和董事会职权

有限责任公司董事的任期和董事会职权与股份有限公司相同。

（三）经理

公司法规定"有限责任公司可以设经理，由董事会决定聘任或者解聘。"据此规定，在有限责任公司中，经理不再是必设机构而成为选设机构。公司章程可以规定不设经理而设总裁、首席执行官等职务，行使公司的管理职权。公司法规定，在有限责任公司设经理时，经理的职权与股份有限公司相同。公司章程对经理职权另有规定的，从其规定。

（四）监事会

1. 监事会的概念和组成

监事会是由依法产生的监事组成，对董事和经理的经营管理行为及公司财务进行监督的常设机构。它代表全体股东对公司经营管理进行监督，行使监督职能，是公司的监督机构。

有限责任公司设立监事会，其成员不得少于3人。股东人数较少或者规模较小的有限责任公司，可以设一至两名监事，不设立监事会。

监事会应当包括股东代表和适当比例的公司职工代表，其中职工代表的比例不得低于1/3，具体比例由公司章程规定。监事会的职工代表由公司职工通过职工代表大会、职工大会或者其他形式民主选举产生。

监事会设主席一人，由全体监事过半数选举产生。董事、高级管理人员不得兼任监事。

2. 监事的任期和监事会的职权

有限责任公司监事的任期和监事会的职权与股份有限公司相同。

3. 监事会的召集和决议

监事会主席召集和主持监事会；监事会主席不能或者不履行职务的，由半数以上监事共同推举一名监事召集和主持监事会。

监事会每年度至少召开一次，监事可以提议召开临时监事会。

监事会的议事方式和表决程序，除公司法有规定的外，由公司章程规定。监事会决议应当经半数以上监事通过。

监事会应当将所议事项的决定做成会议记录，出席会议的监事应当在会议记录上签名。

任务1.3　公司合并、分立与减资

一、公司合并

1. 法定合并的三大便利

法定合并是指两个以上的公司依照法定程序，不需要经过清算程序，直接合并为一个公司的行为。公司法规定的法定合并为交易提供了三大便利。

①被消灭公司的债务转移不需要经过债权人的同意，直接由合并后的公司承继债务。

②被消灭公司的法人人格在合并完成后可以直接消灭，不需要经过清算程序。

③合并是公司行为，只要股东（大）会依法通过，不需要征求每一个股东的意见。

2. 法定合并程序

法定合并的三大便利可能损害债权人和公司股东的利益，因此，公司法规定了严格的合并程序。

①签订合并协议。

②编制资产负债表及财产清单。

③合并决议。

④通知债权人。

⑤依法进行登记。

合并各方的债权、债务，应当由合并后存续的公司或者新设立的公司承继。

二、公司分立

公司分立的程序与公司合并基本一致，对于股东（大）会通过的合并、分立决议，表决时投反对票的股东有权请求公司按照合理的价格收购其股权。

公司分立的特殊性主要体现在：

①当公司派生分立（A公司分立为A公司和B公司）导致原公司资本减少时，原公司减资不需要经过法定的减资程序。

②公司分立程序中虽然也设置了债权人"通知程序"（公司应当自作出分立决议之日起10日内通知债权人，并于30日内在报纸上公告），但并没有赋予债权人"请求公司清偿债务或者提供相应担保"的权利。

③公司分立前的债务由分立后的公司承担连带责任。但是公司在分立前与"债权人"就债务清偿达成的书面协议另有约定的除外。

三、公司减资

1. 股东（大）会作出减资的决议，并相应修改公司章程

有限责任公司的股东会对公司减少注册资本作出决议时，必须经代表 2/3 以上表决权的股东通过。

股份有限公司的股东大会对公司减少注册资本作出决议时，必须经出席会议的股东所持表决权的 2/3 以上通过。

2. 公司必须编制资产负债表及财产清单
3. 通知、公告债权人

公司应当自作出减少注册资本决议之日起 10 日内通知债权人，并于 30 日内在报纸上公告。

债权人自接到通知书之日起 30 日内，未接到通知书的自公告之日起 45 日内，可以要求公司清偿债务或者提供相应的担保。

4. 办理减资登记手续

任务 1.4　公司清算

一、清算组的组成与职权

1. 自行清算

公司应当在解散事由出现之日起 15 日成立清算组。有限责任公司的清算组由股东组成；股份有限公司的清算组由董事或者股东大会确定的人员组成。

2. 人民法院指定清算组

有下列情形之一，债权人申请人民法院指定清算组进行清算时，人民法院应予受理：

①公司解散逾期（15 日）不成立清算组进行清算的。

②虽然成立清算组但故意拖延清算的。

人民法院受理公司清算案件，清算组成员可以从下列人员或者机构中产生：

①公司股东、董事、监事、高级管理人员。

②依法设立的会计师事务所、律师事务所、破产清算事务所等社会中介机构。

③依法设立的会计师事务所、律师事务所、破产清算事务所等社会中介机构中具备相关专业知识并取得执业资格的人员。

在清算组成立前，仍然由原公司"法定代表人"代表公司进行诉讼；清算组成立后，由"清算组负责人"代表公司对外进行诉讼，但应当以"公司"（而非清算组）的名义进行。

二、清算程序

1. 通知债权人

清算组应当自成立之日起 10 日内书面通知债权人，并于 60 日内在全国或者公司注册登记地省级有影响的报纸上公告。

2. 债权申报和登记

债权人应当自接到通知书之日起 30 日内，未接到通知书的自公告之日起 45 日内，向清算组申报其债权。

3. 清算方案的确认

公司自行清算的，清算方案应当报股东（大）会决议确认。

人民法院组织清算的，清算方案应当报人民法院确认。

4. 公告公司终止

公司清算结束后，清算组应当制作清算报告，报股东（大）会或者人民法院确认，并报送公司登记机关，申请注销公司登记，公告公司终止。

人民法院组织清算的，清算组应当自成立之日起 6 个月内清算完毕。因特殊情况无法在 6 个月内完成清算的，清算组应当向人民法院申请延长清算日期。

项目 2
出纳岗位实训

【岗位概述】

会计术语的出纳，通常是指出纳工作。出纳工作，顾名思义，出即支出，纳即收入，所以，出纳主要是管理货币资金、票据、有价证券进进出出的一项工作。出纳主要负责公司的现金收付、银行结算及有关账务，保管库存现金、有价证券、财务印章及有关票据等工作，具有收付职能、反映职能、监督职能和管理职能，使公司往来款项清晰、准确，为管理层提供公司资金信息，以改善经营管理，提高企业经济效益。

【岗位职责】

根据会计法及会计基础工作规范等法规规定，出纳员具有以下职责：

（1）按照国家有关现金管理和银行结算制度的规定，办理现金收付和银行结算业务。

（2）根据会计制度的规定，在办理现金和银行存款收付业务时，要严格审核有关原始凭证，再据以编制收付款凭证，然后根据编制的收付款凭证逐笔顺序登记现金日记账和银行存款日记账，并结出余额。

（3）按照国家外汇管理和结汇、购汇制度的规定及有关批件，办理外汇出纳业务。

（4）掌握银行存款余额，不准签发空头支票，不准出租、出借银行账户为其他单位办理结算。

（5）保管库存现金和各种有价证券（如国库券、债券、股票等）的安全与完整。

（6）保管有关印章、空白收据和空白支票。

【岗位实训】

任务 2.1　会计书写规范

一、实训目的

依据财政部制定的会计基础工作规范的要求，填制会计凭证、登记账簿时，字迹必须清晰、工整，书写必须符合规范要求。通过实训，学生要掌握阿拉伯数字、中文大写数字的书写规范。

二、实训指导

（一）阿拉伯数字书写要求

阿拉伯数字应逐一书写，不得连写。阿拉伯数字前应当书写货币币种符号（如人民币符号"￥"）或者货币名称简写。币种符号与阿拉伯数字之间不得留有空白，凡在阿拉伯数字前面写有币种符号的，数字后面不再写货币单位（如人民币"元"）。

所有以元为单位（其他货币种类为货币基本单位，下同）的阿拉伯数字，除表示单价等情况外，一律在元位小数点后填写到角分；无角分的，角、分位可写"00"或符号"—"；有角无分的，分位应写"0"，不得用符号"—"代替。

阿拉伯数字在书写时应有一定的斜度。倾斜角度不宜过大或过小，一般可掌握在60度左右，即数字的中心斜线与底平线为60度的夹角。

数字书写应紧靠横格底线，其上方留出1/2全格，即数码字沿底线占全格的1/2。另外"6"的上端比其他数码高出1/4，"7"和"9"的下端比其他数码伸出1/4。

（二）中文大写数字书写要求

中文大写数字，一律用正楷或行书书写，如壹、贰、叁、肆、伍、陆、柒、捌、玖、拾、佰、仟、万、亿、元、角、分、零、整（正）等，不得用0、一、二、三、四、五、六、七、八、九、十、另、毛等代替，不得任意自造简化字。

中文大写数字到元或角的，在"元"或"角"之后应写"整"或"正"字；有分的，分字后面不写"整"字。

中文大写数字前未印有货币名称的，应当加填货币名称（如"人民币"三字），货币名称与数字之间不得留有空白。

阿拉伯数字中间有"0"时，中文大写数字要写"零"字，如人民币101.50元，中文大写应写成壹佰零壹元伍角整。阿拉伯数字中间连续有几个"0"时，中文大写数字可以只写一个"零"字，如￥1 004.56，中文大写应写成壹仟零肆元伍角陆分。阿拉伯数字元位为"0"，或数字中间连续有几个"0"，元位也是"0"，但角位不是"0"时，中文大写数字可只写一个"零"字，也可不写"零"字。

（三）票据出票日期书写要求

票据的出票日期必须使用中文数字填写。中文数字写法为：零、壹、贰、叁、肆、伍、陆、柒、捌、玖、拾。票据出票日期使用阿拉伯数字填写的，银行不予受理。使用中文数字填写日期但未按要求规范填写的，银行可予受理，但由此造成损失的，由出票人自行承担。为防止变造票据的出票日期，在填写时必须符合下列要求：

①月为1月、2月和10月的，日为1日至9日和10日、20日和30日的，应在其前加"零"。如1月10日，应写成零壹月零壹拾日。再如10月9日，应写成零壹拾月零玖日。

②11月要写成壹拾壹月，12月要写成壹拾贰月。

③3月至9月前零字可写可不写。

④日为11日至19日的，应在其前加"壹"，如壹拾壹日、壹拾贰日。

（四）文字书写要求

内容简明扼要、准确。用精简的文字把业务的内容表述清楚、完整，不超过栏格。另外，账户名称要写全称，细目也要求准确。

字迹工整、清晰。书写须用楷书或行书，不能用草书，字体的大小要一致、协调，易于辨认。

三、书写规范实训

（一）数字小写

0

1

2

3

4

5

6

7

8

9

（二）大写金额

① 6.68 元　大写：_____

② 15.70 元　大写：_____

③ 25.05 元　大写：_____

④ 10.29 元　大写：_____

⑤ 18.00 元　大写：_____

⑥ 608.09 元　大写：_____

⑦ 1 050.30 元　大写：_____

⑧ 802.46 元　大写：_____

⑨ 100 560.00 元　大写：_____

⑩ 6 800 560.00 元　大写：_____

（三）出票日期大写

① 2015 年 1 月 17 日　大写：_____

② 2015 年 2 月 6 日　大写：_____

③ 2015 年 3 月 15 日　大写：_____

④ 2015 年 4 月 29 日　大写：_____

⑤ 2016 年 9 月 10 日　大写：_____

⑥ 2016 年 10 月 20 日　大写：_____

⑦ 2016 年 11 月 30 日　大写：_____

⑧ 2016 年 8 月 31 日　大写：_____

任务 2.2　原始凭证的填制

一、实训目的

通过原始凭证填制模拟实训，学生应掌握原始凭证的基本要素；了解各类经济业务原始凭证的种类、格式、基本内容及传递程序；掌握常见原始凭证的填制方法。

二、实训指导

原始凭证是记录经济业务已经发生、执行或完成，用以明确经济责任，作为记账依据的最初的书面证明文件，如出差乘坐的车船票、采购材料的发票、领料单等。原始凭证是在经济业务发生的过程中直接产生的，是经济业务发生的最初证明，在法律上具有证明效力。凡不能证明经济业务发生或完成情况的各种单证，不能作为原始凭证并据以记账，如购销合同、采购申请单、银行存款余额调节表等。原始凭证的填制要符合一定要求。

1. 记录真实

原始凭证所填列的经济业务内容和数字，必须真实可靠，即符合国家有关政策、法令、法规、制度的要求，符合有关经济业务的实际情况，不得弄虚作假，更不得伪造凭证。

2. 内容完整

原始凭证所要求填列的项目必须逐项填列，不得遗漏和省略，必须符合手续完备的要求，经办业务的有关部门和人员要认真审核，签名盖章。

3. 手续完备

单位自制的原始凭证必须有经办单位领导人或者其他指定的人员签名盖章，对外开出的原始凭证必须加盖本单位公章。从外部单位取得的原始凭证，必须盖有填制单位的公章；从个人取得的原始凭证，必须有填制人员的签名盖章。

4. 书写清楚、规范

原始凭证要按规定填写，文字要简要、字迹要清楚，易于辨认，不得使用未经国务院公布的简化字。大小写金额必须相符且填写规范。小写金额用阿拉伯数字逐个书写，不得写连笔字；在金额前要填写人民币符号"￥"，人民币符号"￥"与阿拉伯数字之间不得留有空白；金额数字一律填写到角、分，无角、分的，写"00"或符号"—"，有角无分的，分位写"0"，不得用符号"—"。大写金额用汉字壹、贰、叁、肆、伍、陆、柒、捌、玖、拾、佰、仟、万、亿、元、角、分、零、整等，一律用正楷或行书书写；大写金额前未印有"人民币"字样的，应加写"人民币"三个字，"人民币"字样和大写金额之间不得留有空白；大写金额到元或角为止的，后面要写"整"或"正"字，有分的，不写"整"或"正"字。

5. 编号连续

如果原始凭证已预先印定编号，在写坏作废时，应加盖"作废"戳记，妥善保管，不得撕毁。

6. 不得涂改、刮擦、挖补

原始凭证有错误的，应当由出具单位重开或更正，更正处应当加盖出具单位印章。原始凭证金额有错误的，应当由出具单位重开，不得在原始凭证上更正。

7. 填制及时

各种原始凭证一定要及时填写，并按规定的程序及时送交会计机构、会计人员进行审核。

为了如实反映经济业务的发生和完成情况，充分发挥会计的监督职能，保证会计信息的真实、合法、完整和准确，会计人员必须对原始凭证进行严格审核。审核的内容主要包括：审核原始凭证的真实性；审核原始凭证的合法性；审核原始凭证的合理性；审核原始凭证的完整性；审核原始凭证的正确性；审核原始凭证的及时性。

原始凭证的审核，是一项十分细致而严肃的工作，必须坚持原则，依法办事。经审核的原始凭证应根据不同情况进行处理：对于完全符合要求的原始凭证，应及时据以编制记账凭证入账；对于真实、合法、合理但内容不够完整、填写有错误的原始凭证，应退回有关经办人员，由其负责将有关凭证补充完整、更正错误或重开后，再办理正式会计手续；对于不真实、不合法的原始凭证，会计机构和会计人员有权不予接受，并向单位负责人报告。

三、实训资料

企业名称： 内蒙古金利服装有限责任公司，增值税一般纳税人

开户行： 工商银行大学路支行　　**账号：** 888777666555

地址： 呼和浩特市大学路168号

纳税人登记号： 150105195611228888

会计： 刘路　　　**出纳员：** 李利　　　**会计主管：** 张薇

供应商：

- 山东佳美针织有限责任公司，简称佳美公司

开户行： 中国银行人民路支行　　**账号：** 999888777666

- 山东天丽针织有限责任公司，简称天丽公司

开户行： 中国建设银行中山路支行　　**账号：** 888999777666

客户：

- 民族商贸有限公司，简称民族公司

纳税登记号： 150105197510081111

开户行： 中国银行中山路支行　　**账号：** 999999888888

地址： 呼和浩特市中山路188号

- 华夏商贸有限公司，简称华夏公司

纳税登记号： 150105197310086666

开户行： 工商银行光华路支行　　**账号：** 666666555555

地址： 呼和浩特市光华路166号

2015年1月发生的有关交易或事项如下：

(1) 1日，开出现金支票从银行提取5 000元现金备用。（填制表2-1）

表2-1 现金支票

| 中国工商银行
现金支票存根
No. 33306451
附加信息_____
_____
日期 年 月 日
收款人：
金 额：
用 途：
单位主管 会计 | 中国工商银行现金支票　　　　No. 33306451
出票日期（大写）　年　月　日　付款行名称：
收款人：_____　　　　　　　　出票人账号：
人民币　　　　　　　　　百十万千百十元角分
（大写）

用途_____
上列款项请从
我账户内支付
出票人签章　　　　　　　复核　　　记账
本支票付款期限十天 |

(2) 2日，采购部职工张丽赴广州参加商品展销会，经批准向财务部借差旅费3 000元，财务人员审核无误开出现金支票。（填制表2-2、表2-3）

表2-2 借 款 单
年 月 日

部门		借款事由	
借款金额	金额（大写）	¥_____	
批准金额	金额（大写）	¥_____	
领导		财务主管	借款人

表2-3 现金支票

| 中国工商银行
现金支票存根
No. 33306451
附加信息_____
_____
日期 年 月 日
收款人：
金 额：
用 途：
单位主管 会计 | 中国工商银行现金支票　　　　No. 33306451
出票日期（大写）　年　月　日　付款行名称：
收款人：_____　　　　　　　　出票人账号：
人民币　　　　　　　　　百十万千百十元角分
（大写）

用途_____
上列款项请从
我账户内支付
出票人签章　　　　　　　复核　　　记账
本支票付款期限十天 |

（3）6日，开出转账支票50 000元，向佳美公司预付布料款。（填制表2-4）

表2-4 转账支票

中国工商银行转账支票存根 No.33306451 附加信息 _____ _____ 日期 年 月 日 收款人： 金　额： 用　途： 单位主管　　会计	中国工商银行转账支票　　No.33306451 出票日期（大写）　年 月 日　付款行名称： 收款人：_____ 人民币（大写）　百十万千百十元角分 用途_____ 上列款项请从我账户内支付 出票人签章　　　复核　　记账 本支票付款期限十天

（4）8日，向天丽公司购进棉布500米，单价每匹40元，增值税3 400元，开出转账支票付款，材料验收入库。（填制表2-5、表2-6）

表2-5 收料单

供货单位：　　　　　　　　　　　　　　　　　　　　编　　号：
发票号码：　　　　　　　年　月　日　　　　　　货物类别：

货物名称	规格	单位	数量		买价		运杂费	其他	合计	单位成本
			应收	实收	单价	金额				
合计										

财务主管：　　　　　　　　　验收：　　　　　　　　　制单：

表 2-6 转账支票

| 中国工商银行
转账支票存根
No. 33306451
附加信息 _____
_____
日期 年 月 日
收款人：
金　额：
用　途：
单位主管   会计 | 中国工商银行转账支票　　　　No. 33306451
出票日期（大写）　年　月　日　付款行名称：
收款人：_____　　　　　　出票人账号：
本支票付款期限十天
人民币（大写）　　　　　百 十 万 千 百 十 元 角 分

用途：_____
上列款项请从
我账户内支付
出票人签章　　　　　　复核　　　记账 |

（5）9日，采购部张丽出差回来报销差旅费2 800元，退回现金200元。（填制表2-7）

表 2-7 差旅费报销单

部门：　　　　　　　　　　姓名：　　　　报销日期：　　年　月　日

公出事由：				车船机票费	2 000.00	报销 金额（大写）
起止日期		地　　点		住宿费	450.00	
月 日 至 月 日		自	至	伙食补助费	200.00	
				市内交通费	150.00	
				卧铺补助费		
				其他		
说明事项：				合计		
				原借：　　退：		

单位负责人：　　　　部门负责人：　　　　审核：　　　　出纳：

（6）12日，向民族公司销售成衣。其中男装50套，每套700元；女装30套，每套600元（不含增值税），开出增值税专用发票，办妥托收手续，付款期限为20天。（填制表2-8~表2-11）

表2-8　内蒙古增值税专用发票

发票联　　　　　　No 0026688

开票日期：　　年　月　日

购货单位	名称：纳税人识别号： 地址： 开户银行及账号：					密码区	
货物或应税劳务名称	规格型号	单位	数量	单价	金　额	税率（%）	税额
合　　计							
价税合计（大写）				（小写）			
销货单位	名　称：　　　　　纳税人识别号： 地址： 开户银行及账号：					备注	

第四联　记账联销货方记账凭证

收款人：　　　复核：　　　开票人：　　　销货单位：（公章）

表2-9　中国工商银行托收承付结算凭证（回单）

委托日期：　　年　月　日

				承付期限：　　天	
				到期　年　月　日	
付款人	全称		收款人	全称	
	账号			账号	
	开户银行			开户银行	
委托收款金额	人民币（大写）			百十万千百十元角分	
附寄单据	商品发运情况		自提	合同号码	
备注	款项收托日期 　年　月　日		开户银行盖章 　年　月　日		

此联是银行给收款人的回单

表 2-10　金利公司产品出库单

收货单位：　　　　　　　　　　　　年　月　日　　　　　　　　　　　单位：

产品名称	规格	计量单位	数量	单位成本	金额
合计					

主管：　　　　　　　　审核：　　　　　　　　制单人：

表 2-11　金利公司产品销售单

收货单位：　　　　　　　　　　　　年　月　日　　　　　　　　　　　单位：

产品名称	规格	计量单位	数量	单价（含税）	金额
合计					

主管：　　　　　　　　审核：　　　　　　　　制单人：

（7）13日，收到民族公司前欠货款500 000元存入银行。（填制表2-12）

表 2-12　中国工商银行进账单（收账通知）

年　月　日　　　　　　　　　第16号

付款人	全称		收款人	全称										
	账号			账号										
	开户银行			开户银行										
人民币（大写）					千	百	十	万	千	百	十	元	角	分
票据种类	转账		收款人开户银行盖章		
票据张数	1张				
单位主管	会计　　复核　　记账				

此联是银行交给收款人的回单

(8) 15 日，支付前欠佳美公司货款 234 000 元。（填制表 2-13）

表 2-13　中国工商银行付款申请书（付款通知）

年　　月　　日　　　　　　　　　第 10 号

付款人	全称		收款人	全称		此联是银行交给付款人的回单
	账号			账号		
	开户银行			开户银行		
人民币（大写）				千百十万千百十元角分		
票据种类	转　账		收款人开户银行盖章			
票据张数	1 张					
单位主管　　　会计　　　复核　　　记账						

(9) 16 日，向开户行申请银行承兑汇票 150 000 元，支付天丽公司货款，付款期限为 3 个月。（填制表 2-14）

表 2-14　银行承兑汇票

出票日期（大写）：　　　年　　月　　日

出票人全称		收款人	全称	
出票人账号			账号	
付款行全称			开户银行	
出票金额	人民币（大写）		千百十万千百十元角分	
汇票到期日		付款行	行号	
承兑协议编号			地址	
本汇票请你行承兑，到期无条件付款 　　　　　　　　出票人签章		本汇票已经承兑，到期日由本行付款 　　　　　　　承兑行签章 承兑日期　　年　　月　　日		
		备注	复核　　　记账	

（10）18日，向开户行申请银行本票300 000元，支付天丽公司货款，付款期限为2个月。(填制表2-15)

表2-15　银行本票

中国工商银行

本　票

付款期限　　个月	出票日期（大写）：　　年　　月　　日

收款人：	申请人：
凭票给付　人民币（大写）	千百十万千百十元角分
转账□　现金□	
备注	出票行签章　　出纳　复核　经办

（11）20日，向开户行申请商业承兑汇票180 000元，支付前欠佳美公司货款，期限为3个月。(填制表2-16)

表2-16　商业承兑汇票

出票日期（大写）：　　年　　月　　日

付款人	全称		收款人	全称	
	账号			账号	
	开户银行			开户银行	
出票金额	人民币（大写）	千百十万千百十元角分
汇票到期日（大写）		付款行	行号	
承兑协议编号			地址	
本汇票已经承兑，到期无条件付款	本汇票请予以承兑，于到期日付款
承兑人签章 承兑日期　　年　月　日	出票人签章

（12）23 日，向开户行申请银行本票 260 000 元，支付佳美公司货款，付款期限为 2 个月。（填制表 2-17）

表 2-17　银行本票

中国工商银行
本　票

付款期限　　个月

出票日期（大写）：　　年　　月　　日

收款人：	申请人：

凭票给付	人民币（大写）	千 百 十 万 千 百 十 元 角 分

转账□　现金□

备注	出票行签章	出纳　复核　经办

（13）25 日，向开户行申请银行承兑汇票 250 000 元，支付前欠天丽公司货款，付款期限为 3 个月。（填制表 2-18）

表 2-18　银行承兑汇票

出票日期（大写）：　　年　　月　　日

出票人全称		收款人	全称	
出票人账号			账号	
付款行全称			开户银行	

出票金额	人民币（大写）	千 百 十 万 千 百 十 元 角 分

汇票到期日		付款行	行号	
承兑协议编号			地址	

本汇票请你行承兑，到期无条件付款	本汇票已经承兑，到期日由本行付款 承兑行签章	
出票人签章	承兑日期　　年　　月　　日	复核　　记账
	备注	

（14）26日，收到华夏公司前欠货款585 000元存入银行。（填制表2-19）

表2-19　中国工商银行进账单（收账通知）

年　月　日　　　　　　　　　第16号

付款人	全称		收款人	全称											此联是银行交给收款人的回单
	账号			账号											
	开户银行			开户银行											
人民币（大写）					千	百	十	万	千	百	十	元	角	分	
票据种类	转　账			收款人开户银行盖章											
票据张数	1张														
单位主管　　　会计　　　复核　　　记账															

（15）27日，向华夏公司销售成衣，男装20套，每套800元，女装30套，每套600元（不含增值税），办妥托收手续，付款期限为20天。（填制表2-20~表2-23）

表2-20　内蒙古增值税专用发票

发　票　联　　　　　　　　　No 0026688

开票日期：　　年　月　日

购货单位	名称：纳税人识别号：					密码区		第四联　记账联　销货方记账凭证
	地址：							
	开户银行及账号：							
货物或应税劳务名称	规格型号	单位	数量	单价	金　额	税率（%）	税额	
合　　计								
价税合计（大写）					（小写）			
销货单位	名称：	纳税人识别号：				备注		
	地址：							
	开户银行及账号：							

收款人：　　　复核：　　　开票人：　　　销货单位：（公章）

表 2-21　中国工商银行托收承付结算凭证（回单）

委托日期：　　　年　　月　　日

			承付期限：　　　天
			到期　　年　　月　　日

付款人	全称		收款人	全称	
	账号			账号	
	开户银行			开户银行	

委托收款金额	人民币（大写）	百	十	万	千	百	十	元	角	分

附寄单据	4	商品发运情况	自提	合同号码	32564

备注	款项收托日期　　年　　月　　日	开户银行盖章　　年　　月　　日

此联是银行给收款人的回单

表 2-22　金利公司产品出库单

收货单位：　　　　　　　　　　　　年　　月　　日　　　　　　　　　　　　单位：元

产品名称	规格	计量单位	数量	单位成本	金额
合计					

主管：　　　　　　　　　审核：　　　　　　　　　制单人：

表 2-23　金利公司产品销售单

收货单位：　　　　　　　　　　　　年　　月　　日　　　　　　　　　　　　单位：元

产品名称	规格	计量单位	数量	单价（含税）	金额
合计					

主管：　　　　　　　　　审核：　　　　　　　　　制单人：

四、实训要求

根据实训资料，完成各原始凭证的填制。

任务 2.3　日记账的登记

一、实训目的

通过实训，学生应熟练掌握现金、银行存款日记账的格式及登记方法。

二、实训指导

账簿按其用途，一般可分为序时账簿、分类账簿和备查账簿。序时账簿通常称日记账，是对各项经济业务按发生时间的先后顺序，逐日逐笔连续进行登记的账簿。序时账簿按其记录经济业务范围，又可以分为普通序时账簿和特种序时账簿。特种序时账簿一般包括现金日记账和银行存款日记账。

现金日记账通常是根据审核后的现金收款、付款凭证逐日逐笔按照经济业务发生的顺序进行登记的。为了加强对企业现金的监管，现金日记账采用订本式账簿，其账页格式一般采用"收入"（借方）、"支出"（贷方）和"余额"三栏式。现金日记账是用来核算和监督库存现金每天的收入、支出和结存情况的账簿，由出纳人员根据与现金收付有关的记账凭证，如现金收款凭证、现金付款凭证、银行付款（提现业务）凭证，逐日逐笔进行登记，并随时结记余额。

银行存款日记账是专门用来记录银行存款收支业务的一种特种日记账。银行存款日记账必须采用订本式账簿，其账页格式一般采用"收入"（借方）、"支出"（贷方）和"余额"三栏式。银行存款日记账是用来核算和监督银行存款的收入、支出和结存情况的账簿，由出纳人员根据与银行存款收付有关记账凭证，如银行存款凭证、银行付款凭证、现金付款（将现金存入银行业务）凭证，逐日逐笔进行登记，每日业务终了时，应计算、登记当日的银行存款收入合计数、银行存款支出合计数，以及账面结余额，以便检查监督各项收入和支出款项，避免坐支现金的出现，并便于定期同银行送来的对账单核对。

登记日记账时，除了遵循账簿登记的基本要求外，还应注意以下栏目的填写。

1. 日期

"日期"栏中填入的应为据以登记账簿的会计凭证上的日期,不能填写原始凭证上记载的发生或完成该经济业务的日期,也不是实际登记该账簿的日期。

2. 凭证字号

"凭证字号"栏中应填入据以登记账簿的会计凭证类型及编号。如企业采用通用凭证格式,根据记账凭证登记现金日记账时,填入"记字×号";企业采用专用凭证格式,根据现金收款凭证登记现金日记账时,填入"收字×号"。

3. 摘要

"摘要"栏应简要说明所入账的经济业务的内容,力求简明扼要。

4. 对应科目

"对应科目"栏应填入会计分录中"库存现金""银行存款"科目的对应科目,用以反映货币资金增减变化的来龙去脉。在填写对应科目时,应注意三点。

第一,对应科目只填总账科目,不需填明细科目。

第二,当对应科目有多个时,应填入主要对应科目,如销售产品收到现金,则"库存现金"的对应科目有"主营业务收入"和"应交税费",此时可在对应科目栏中填入"主营业务收入",在借方金额栏中填入取得的现金总额,而不能将一笔现金增加业务拆分成两个对应科目金额填入两行。

第三,当对应科目有多个且不能从科目上划分出主次时,可在对应科目栏中填入其中金额较大的科目,并在其后加上"等"字。如用现金800元购买零星办公用品,其中300元由车间负担,500元由行政管理部门负担,则在现金日记账"对应科目"栏中填入"管理费用等",在贷方金额栏中填入支付的现金总额800元。

5. 借方、贷方

"借方金额"栏、"贷方金额"栏应根据相关凭证中记录的"库存现金""银行存款"科目的借贷方向及金额记入。

6. 余额

"余额"栏应根据"本行余额=上行余额+本行借方-本行贷方"公式计算填入。

正常情况下库存现金、银行存款不允许出现贷方余额,因此,日记账余额栏前未印有借贷方向,其余额方向默认为借方。若在登记日记账过程中,由于登账顺序等特殊原因出现了贷方余额,则在余额栏用红字登记,表示贷方余额。

三、实训资料

金利公司2015年1月初,库存现金日记账余额5 000元,银行存款日记账余额为 800 000 元，1 月发生如下经济业务：

（1）1 日，从银行提取现金 5 000 元，备用。

（2）2 日，出差人员预借差旅费 4 000 元，以现金支付。

（3）5 日，销售产品售价 500 000 元，销项税 85 000 元，收到货款并存入银行。

（4）6 日，收到某公司转账支票一张，价值 300 000 元，归还前欠货款。

（5）8 日，兑付到期商业承兑汇票一张，支付票面金额 280 000 元。

（6）9 日，开出转账支票购入材料买价 200 000 元，进项税 34 000 元，材料未入库。

（7）9 日，提取现金 100 000 元，准备发放工资。

（8）10 日，发放工资 100 000 元。

（9）11 日，出差人员报销差旅费 4 800 元，补付现金 800 元。

（10）13 日，公司向银行借入短期借款 100 000 元，存入公司银行账户。

（11）16 日，向异地某企业销售产品，售价 300 000 元，销项税 51 000 元，收到转账支票一张 351 000 元。

（12）16 日，购买办公用品 2 500 元，以现金支付。

（13）20 日，公司开出商业汇票一张，支付前欠供应商货款 468 000 元。

（14）24 日，以转账支票支付广告费 50 000 元。

（15）28 日，以银行存款缴纳上月增值税 90 000 元。

（16）30 日，收到子公司分得税后利润 120 000 元，存入银行。

四、实训要求

根据以上资料编写会计分录，登记现金、银行存款日记账。（填制表 2-24、表 2-25）

表 2-24 现金日记账

年		凭证字号	摘要	对应科目	借方	贷方	借或贷	余额
月	日							

续表

年		凭证字号	摘要	对应科目	借方	贷方	借或贷	余额
月	日							

表 2-25 银行存款日记账

年		凭证字号	摘要	对应科目	借方	贷方	借或贷	余额
月	日							

任务 2.4　银行存款余额调节表的编制

一、实训目的

通过实训，学生应掌握企业银行存款日记账与银行对账单核对的方法，以及银行存款余额调节表的格式和编制方法。

二、实训指导

（一）银行存款的清查

银行存款的清查采用与开户银行核对账目的方法，来查明银行存款的实有数额。银行存款日记账与银行对账单不一致的原因有两个方面：一是双方或一方记账有误；二是存在未达账项。未达账项，是指企业与银行之间，由于记账时间不一致，而发生的一方已登记入账，另一方尚未登记入账的事项。具体地说，未达账项大致有下列四种情况：

①企业已收，银行未收，即企业已收款入账，银行尚未收款入账。
②企业已付，银行未付，即企业已付款入账，银行尚未付款入账。
③银行已收，企业未收，即银行已收款入账，企业尚未收款入账。
④银行已付，企业未付，即银行已付款入账，企业尚未付款入账。

（二）银行存款余额调节表的作用

在清查银行存款时，如出现未达账项，应通过编制银行存款余额调节表进行调整。银行存款余额调节表的作用包括以下几个方面：

（1）银行存款余额调节表是一种对账记录或对账工具，不能作为调整账面记录的依据，即不能根据银行存款余额调节表中的未达账项来调整银行存款账面记录，未达账项只有在收到有关凭证后才能进行有关的账务处理。

（2）调节后的余额如果相等，则说明企业和银行的账面记录一般没有错误，该余额通常为企业可以动用的银行存款实有数。

（3）调节后的余额如果不相等，则说明一方或双方记账有误，需进一步追查，查明原因后予以更正和处理。

(三) 银行存款余额调节表的计算

企业银行存款日记账调节后余额 = 企业银行存款日记账调节前余额 − 银行已付企业未付账项 + 银行已收企业未收账项

银行对账单调节后的存款余额 = 银行对账单调节前存款余额 − 企业已付银行未付账项 + 企业已收银行未收账项

(四) 银行存款清查的步骤

①将本单位银行存款日记账与银行对账单，以结算凭证的种类、号码和金额为依据，逐日逐笔核对，凡双方都有记录的，用铅笔在金额旁打上"√"。

②找出未达账项（即银行存款日记账和银行对账单中没有打"√"的款项）。

③将日记账和对账单的月末余额及未达账项填入"银行存款余额调节表"，并计算调整后的余额。

④调整平衡的"银行存款余额调节表"经主管会计签章后，呈报开户银行。

三、实训资料

某企业 2015 年 4 月 30 日进行银行对账，企业银行存款日记账账面记录与银行出具的对账单资料如表 2 − 26、表 2 − 27 所示。

表 2 − 26　企业银行存款日记账

日期	凭证号	摘要	借方	贷方	方向	余额	标记
2015 − 04 − 01		期初余额			借	200 000.00	
2015 − 04 − 02	银付 − 001	付料款		30 000.00	借	170 000.00	
2015 − 04 − 10	银付 − 002	付料款		20 000.00	借	150 000.00	
2015 − 04 − 16	银收 − 001	收到货款	10 000.00		借	160 000.00	
2015 − 04 − 18	银收 − 002	收到货款	20 000.00		借	180 000.00	
2015 − 04 − 20	银付 − 003	交税费		80 000.00	借	100 000.00	
2015 − 04 − 25	银收 − 003	收销货款	60 000.00		借	160 000.00	
2015 − 04 − 28	银付 − 004	取备用金		20 000.00	借	140 000.00	
2015 − 04 − 30		期末余额			借	140 000.00	

表 2-27 银行对账单

日期	摘要	账单号	借方	贷方	方向	余额	标记
2015-04-01	期初余额				贷	200 000.00	
2015-04-02	转支	0000501	30 000.00		贷	170 000.00	
2015-04-10	转支	0000602	20 000.00		贷	150 000.00	
2015-04-16	收入存款	0000103		10 000.00	贷	160 000.00	
2015-04-18	收入存款	0000544		20 000.00	贷	180 000.00	
2015-04-20	转支	0000185	80 000.00		贷	100 000.00	
2015-04-26	收入存款	0000066		80 000.00	贷	180 000.00	
2015-04-29	付出	0000207	70 000.00		贷	110 000.00	
2015-04-30	期末余额					110 000.00	

四、实训要求

根据实训资料，核对企业银行存款日记账和银行对账单记录，分析未达账项，并编制银行存款余额调节表（表 2-28）。

表 2-28 银行存款余额调节表

年　　月　　日

项目	金额	项目	金额
企业银行存款日记账余额		银行对账单余额	
加：银行已收、企业未收款		加：企业已收、银行未收款	
减：银行已付、企业未付款		减：企业已付、银行未付款	
调节后的存款余额		调节后的存款余额	

主管：　　　　　　　　会计：　　　　　　　　出纳：

项目 3
核算会计岗位实训

【岗位概述】

核算会计通常指企业会计，负责公司的会计核算业务，按照企业会计制度规定依法审核原始凭证、填制记账凭证、设置会计账簿，正确使用会计科目，按时记账、结账、对账，做到账证相符、账账相符。核算会计可依据企业性质、业务量多少、规模大小不同，细分为多个岗位，如材料会计、固定资产会计、薪资会计、往来会计等岗位。

【岗位职责】

核算会计岗位职责主要包括以下方面：

（1）审核原始凭证，正确填制记账凭证。

（2）根据企业会计制度的规定设置科目、建账和正确核算，认真、准确地登录各类明细账，做到账目清楚、数字正确、登记及时、账证相符，发现问题及时更正。

（3）及时了解、审核企业原材料、设备、产品的进出情况，了解经济合同履约情况，催促经办人员及时办理结算和出入库手续，进行应收应付款项的清算。

（4）负责固定资产的会计明细核算工作，建立固定资产辅助明细账，及时办理记账登记手续。

（5）负责企业的各项债权、债务的清理结算工作。

（6）正确进行会计电算化处理，提高会计核算工作的速度和准确性。

【岗位实训】

任务 3.1　专用记账凭证的填制与审核

一、实训目的

通过实训，学生应掌握收款凭证、付款凭证及转账凭证的格式及填制方法。

二、实训指导

记账凭证按用途分为专用记账凭证和通用记账凭证两类。专用记账凭证是指分类反映经济业务的记账凭证。这种记账凭证按其反映经济业务的内容不同,又可分为收款凭证、付款凭证和转账凭证。收款凭证和付款凭证是用来反映货币资金收付业务的凭证。货币资金的收入、付出业务就是直接引起现金或银行存款增减变动的业务。转账凭证是用来反映非货币资金业务的凭证。非货币资金业务亦称转账业务,是指不涉及货币奖金增减的业务,如车间领料、产成品入库、分配费用等。

(一) 收款凭证的填制要求

凡是涉及增加现金或银行存款账户金额的,都必须填制收款凭证。收款凭证左上方的借方科目,应填写现金或银行存款;右上方填写凭证编号。收款凭证的编号一般按现收×号和银收×号分类,业务量少的单位也可不分现收与银收,而按收款业务发生的先后顺序统一编号,如收字×号。"摘要"栏内填写经济业务的内容梗概。"贷方科目"栏内填写与现金或银行存款科目相对应的总账科目及其所属明细科目;金额栏内填写实际收到的现金或银行存款数额;"记账"栏供记账人员在根据收款凭证登记有关账簿以后作标记,表示该项金额已经转入有关账户,以避免重记或漏记。

(二) 付款凭证的填制要求

付款凭证根据现金和银行付款业务的原始凭证填制。凡是涉及减少现金或银行存款账户金额的,都必须填制付款凭证。付款凭证的填制方法和要求与收款凭证基本相同,不同的是:付款凭证的左上方应填列贷方科目,因为现金和银行存款的减少应记账户的贷方;付款凭证的对应科目为借方科目,需填写与现金或银行存款业务有关的总账科目和明细科目。

(三) 转账凭证的填制要求

转账凭证根据不涉及现金和银行存款收付的转账业务的原始凭证填制。凡是不涉及现金和银行存款增加或减少的业务,都必须填制转账凭证。转账业务没有固定的账户对应关系,因此在转账凭证中,要按借方科目和贷方科目分别填列有关总账科目和明细科目。

三、实训资料

金利公司 2015 年 6 月发生以下经济业务:

(1) 1 日,接到开户银行的通知,胜利公司签发并承兑的商业汇票已到期,收到胜利公司支付的票据款 350 000 元。

(2) 5 日,向工商银行签订借款协议,取得借款 100 000 元,期限 6 个月,年利率 5%,借款已转存公司银行存款账户。

(3) 6 日,销售 A 产品 20 台,每台售价 8 000 元,计 160 000 元,增值税率 17%,款已收到,存入银行。

(4) 8 日,职工李明报销医药费 3 000 元,经批准后用现金支付。

(5) 10 日,用银行存款支付前欠利息 5 000 元。

(6) 12 日,向利达公司购进甲材料一批,增值税专用发票上注明的买价为 300 000 元,增值税 51 000 元,款项已通过银行支付,材料已验收入库。

(7) 15 日,向宏远公司购买乙材料,按合同规定,公司预付购货款 200 000 元。

(8) 16 日,向大华公司销售 B 产品一批,售价为 200 000 元,增值税为 34 000 元,收到大华公司签发并承兑的期限为 3 个月的商业汇票一张。

(9) 18 日,向科达公司购进甲材料一批,增值税专用发票上注明的买价为 500 000 元,增值税 85 000 元,材料已验收入库,款项尚未支付。

(10) 20 日,收到上月采购的乙材料 300 000 元,验收入库。

(11) 25 日,销售 A 产品一批给长虹公司,售价为 150 000 元,增值税为 25 500 元,合计 175 500 元,扣除预收款 100 000 元,其余款项长虹公司尚未支付。

四、实训要求

根据上述资料,编写会计分录,正确选择和填制专用记账凭证。填制表 3-1~表 3-14)

表3-1 收　款　凭　证

借方科目：　　　　　　　　　　　年　月　日　　　　　　　　字　号

摘要	贷方总账科目	明细科目	金额											记账
			千	百	十	万	千	百	十	元	角	分	
合　　　　计													

财务主管：　　　记账：　　　　出纳：　　　　审核：　　　　制单：

附件　　张

表3-2 收　款　凭　证

借方科目：　　　　　　　　　　　年　月　日　　　　　　　　字　号

摘要	贷方总账科目	明细科目	金额											记账
			千	百	十	万	千	百	十	元	角	分	
合　　　　计													

财务主管：　　　记账：　　　　出纳：　　　　审核：　　　　制单：

附件　　张

表3-3　收　款　凭　证

借方科目：　　　　　　　　　　　　　年　月　日　　　　　　　　　字　号

摘要	贷方总账科目	明细科目	金额										记账
			千	百	十	万	千	百	十	元	角	分	
合　　　计													

附件　　张

财务主管：　　　记账：　　　出纳：　　　审核：　　　制单：

表3-4　收　款　凭　证

借方科目：　　　　　　　　　　　　　年　月　日　　　　　　　　　字　号

摘要	贷方总账科目	明细科目	金额										记账
			千	百	十	万	千	百	十	元	角	分	
合　　　计													

附件　　张

财务主管：　　　记账：　　　出纳：　　　审核：　　　制单：

表 3-5 **付 款 凭 证**

贷方科目：　　　　　　　　　　　年　月　日　　　　　　　字　号

摘要	借方总账科目	明细科目	金额										记账
			千	百	十	万	千	百	十	元	角	分	
合　计													

附件　张

财务主管：　　　记账：　　　出纳：　　　审核：　　　制单：

表 3-6 **付 款 凭 证**

贷方科目：　　　　　　　　　　　年　月　日　　　　　　　字　号

摘要	借方总账科目	明细科目	金额										记账
			千	百	十	万	千	百	十	元	角	分	
合　计													

附件　张

财务主管：　　　记账：　　　出纳：　　　审核：　　　制单：

表 3-7 付 款 凭 证

贷方科目：　　　　　　　　　　　年　月　日　　　　　　　字　号

摘要	借方总账科目	明细科目	金额										记账
			千	百	十	万	千	百	十	元	角	分	
合　　计													

附件　张

财务主管：　　　记账：　　　出纳：　　　审核：　　　制单：

表 3-8 付 款 凭 证

贷方科目：　　　　　　　　　　　年　月　日　　　　　　　字　号

摘要	借方总账科目	明细科目	金额										记账
			千	百	十	万	千	百	十	元	角	分	
合　　计													

附件　张

财务主管：　　　记账：　　　出纳：　　　审核：　　　制单：

表 3-9　付　款　凭　证

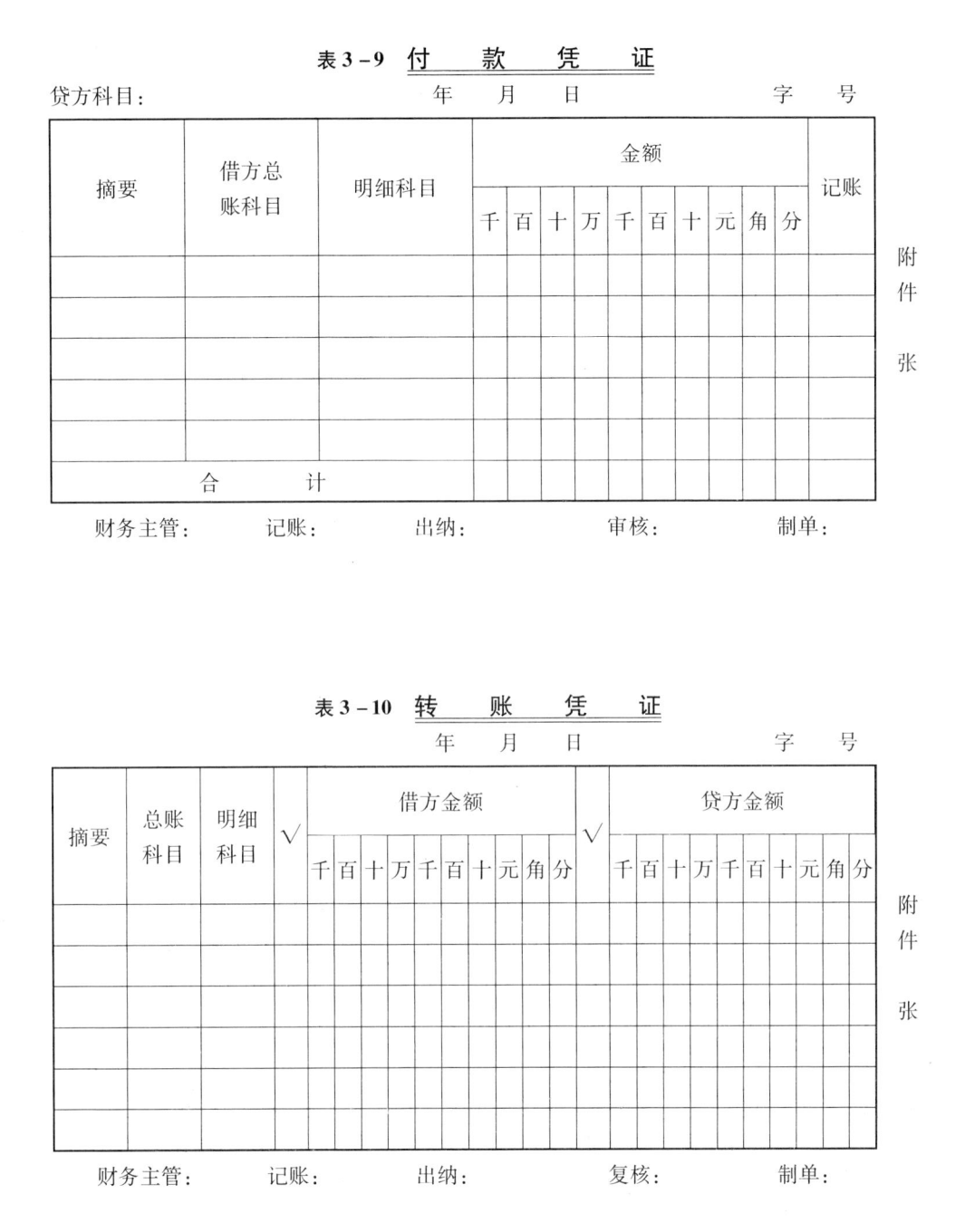

贷方科目：　　　　　　　　　　　年　月　日　　　　　　　　字　号

摘要	借方总账科目	明细科目	金额										记账
			千	百	十	万	千	百	十	元	角	分	
合　　　计													

附件　张

财务主管：　　　记账：　　　出纳：　　　审核：　　　制单：

表 3-10　转　账　凭　证

　　　　　　　　　　　　　　　年　月　日　　　　　　　　字　号

摘要	总账科目	明细科目	√	借方金额										√	贷方金额									
				千	百	十	万	千	百	十	元	角	分		千	百	十	万	千	百	十	元	角	分

附件　张

财务主管：　　　记账：　　　出纳：　　　复核：　　　制单：

表 3-11 转 账 凭 证

年　月　日　　　　　　　　　字　号

摘要	总账科目	明细科目	√	借方金额 千百十万千百十元角分	√	贷方金额 千百十万千百十元角分

附件　　张

财务主管：　　记账：　　出纳：　　复核：　　制单：

表 3-12 转 账 凭 证

年　月　日　　　　　　　　　字　号

摘要	总账科目	明细科目	√	借方金额 千百十万千百十元角分	√	贷方金额 千百十万千百十元角分

附件　　张

财务主管：　　记账：　　出纳：　　复核：　　制单：

表 3-13　转　账　凭　证

　　　　　　　　　　　　　　　年　　月　　日　　　　　　　字　号

摘要	总账科目	明细科目	√	借方金额 千 百 十 万 千 百 十 元 角 分	√	贷方金额 千 百 十 万 千 百 十 元 角 分

附件　张

财务主管：　　　记账：　　　出纳：　　　复核：　　　制单：

表 3-14　转　账　凭　证

　　　　　　　　　　　　　　　年　　月　　日　　　　　　　字　号

摘要	总账科目	明细科目	√	借方金额 千 百 十 万 千 百 十 元 角 分	√	贷方金额 千 百 十 万 千 百 十 元 角 分

附件　张

财务主管：　　　记账：　　　出纳：　　　复核：　　　制单：

任务 3.2　通用记账凭证的填制与审核

一、实训目的

通过实训，学生应掌握通用记账凭证的格式、填制的基本要求及填制方法。

二、实训指导

记账凭证按用途分为专用记账凭证和通用记账凭证两类。通用记账凭证是指用来反映所有经济业务的记账凭证。通用记账凭证的格式不再分为收款凭证、付款凭证和转账凭证，而是以一种格式记录全部经济业务。通用记账凭证的格式与转账凭证基本相同。在经济业务比较简单的单位，为了简化凭证可以使用通用记账凭证，记录所发生的各种经济业务。

下面是记账凭证填制的基本要求。

1. 依据真实

除结账和更正错误外，记账凭证应根据审核无误的原始凭证及有关资料填制，记账凭证必须附有原始凭证并如实填写所附原始凭证的张数。记账凭证所附原始凭证张数的计算一般应以原始凭证的自然张数为准。如果记账凭证中附有原始凭证汇总表，则应该把所附的原始凭证和原始凭证汇总表的张数一起记入附件的张数之内。但报销差旅费等零散票据，可以粘贴在一张纸上，作为一张原始凭证。一张原始凭证如果涉及几张记账凭证的，可以将原始凭证附在一张主要的记账凭证后面，在该主要记账凭证摘要栏注明"本凭证附件包括××号记账凭证业务"字样，并在其他记账凭证上注明该主要记账凭证的编号或者附上该原始凭证的复印件，以便复核查阅。

2. 内容完整

按照记账凭证上所列项目逐一填写清楚，有关人员的签名或者盖章要齐全，不可缺漏。如有以自制的原始凭证或者原始凭证汇总表代替记账凭证使用的，也必须具备记账凭证应有的内容。"金额"栏数字的填写必须规范、准确，与所附原始凭证的金额相符。金额登记方向、数字必须正确，角分位不留空格。

3. 分类正确

填制记账凭证，要根据经济业务的内容，区别不同类型的原始凭证，正确应用会计科目和记账凭证。记账凭证可以根据每一张原始凭证填制，或者根据若干张同类原始凭证汇总填制,也可以根据原始凭证汇总表填制,但不得将不同内容或类别的原始凭证汇总填制在一张记账凭证上,会计科目要保持正确的对应关系。一般情况下,现金或银行存款的收、付款业务,应使用收款凭证或付款凭证;不涉及现金或银行存款收付的业务,应使用转账凭证。对于只涉及现金和银行存款之间的业务,如将现金送存银行,或者从银行提取现金,通常只填制付款凭证,以避免重复记账。在一笔经济业务中,如果既涉及现金或银行存款收、付业务,又涉及转账业务,则应分别填制收款或付款凭证和转账凭证。例如,单位职工出差归来报销差旅费并交回剩余现金时,就应根据有关原始凭证按实际报销的金额填制一张转账凭证,同时按收回的现金数额填制一张收款凭证。各种记账凭证的使用格式应相对稳定,特别是在同一会计年度内,不宜随意更换,以免引起编号、装订、保管方面的不便与混乱。

4. 连续编号

为了分清会计事项处理的先后顺序,以便记账凭证与会计账簿之间进行核对,确保记账凭证完整无缺,填制记账凭证时,应当对记账凭证连续编号。记账凭证编号的方法有多种:一种是将全部记账凭证作为一类统一编号;另一种是分别按现金和银行存款收入业务、现金和银行存款付出业务、转账业务三类进行编号,这样记账凭证的编号应分为收字第×号、付字第×号、转字第×号;还有一种是分别按现金收入、现金支出、银行存款收入、银行存款支出和转账业务五类进行编号,这种情况下,记账凭证的编号应分为现收字第×号、现付字第×号、银收字第×号、银付字第×号和转字第×号。各单位应当根据本单位的实际情况来选择便于记账、查账、内部稽核、简单严密的编号方法。无论采用哪一种编号方法,都应该按月编号,即每月都从1号编起,按自然数的顺序编至月末,不得跳号、重号。一笔经济业务需要填制两张或两张以上记账凭证的,可以采用分数编号法进行编号。例如,有一笔经济业务需要填制两张记账凭证,凭证顺序号为8,就可以编成 $8\frac{1}{2}$,$8\frac{2}{2}$,前面的数表示凭证顺序,后面分数的分母表示该号凭证共有两张,分子表示两张凭证中的第一张、第二张。

5. 简明摘要

记账凭证的摘要栏是填写经济业务简要说明的,摘要应与原始凭证内容一致,能正确反映经济业务的主要内容,既要防止简而不明,又要防止过于烦琐。应能使阅读者通过摘要就能了解该项经济业务的性质、特征,判断会计分录的正确与否。而不需要再去翻阅原始凭证或询问有关人员。

6. 分录正确

会计分录是记账凭证中重要的组成部分,在记账凭证中,要正确编制会计分录并保持借贷平衡,必须根据国家统一会计制度的规定和经济业务的内容,正确使用会计科目,不得任意简化或改动。应填写会计科目的名称,或者同时填写会计科目的名称和会计科目编号，不应只填编号、不填会计科目的名称。应填明总账科目和明细科目，以便于登记总账和明细账。会计科目的对应关系要填写清楚，应先借后贷，一般填制一借一贷、一借多贷或者多借一贷的会计分录。但如果某项经济业务本身就需要编制一个多借多贷的会计分录时，也可以填制多借多贷的会计分录，以集中反映该项经济业务的全过程。填入金额数字后，要在记账凭证的合计行计算填写合计金额。记账凭证中借、贷方的金额必须相等，合计数必须计算正确。

7. 注销空行

填制记账凭证时，应按行次逐行填写，不得跳行或留有空行。记账凭证填完经济业务后，如有空行，应当在金额栏自最后一笔金额数字下的空行至合计数上的空行处画斜线注销。

三、实训资料

金利公司2015年7月发生的经济业务如下：

（1）1日，向银行申请银行汇票，将款项350 000元交存银行转作银行汇票存款。

（2）3日，购入甲材料一批，取得的增值税专用发票上的原材料价款为200 000元，增值税税额为34 000元，已用上述银行汇票办理结算，多余款项16 000元退回开户银行。

（3）5日，向证券公司划出投资款1 000 000元，款项已转入证券公司账户。

（4）6日，委托证券公司购入A上市公司股票10万股，每股8元（含有已宣告发放尚未支付的股利，每股0.1元），另发生相关交易费用200 00元，并将该股票划分为交易性金融资产。

（5）10日，收到上述股利。

（6）12日，采购员李林出差，预借差旅费2 000元，开出现金支票。

（7）13日，购入一台需要安装的设备，买价为200 000元，增值税额为34 000元。

（8）15日，设备支付安装费3 000元。

（9）16日，设备安装完毕交付使用。

（10）17日，用银行存款支付产品广告费5 000元。

（11）18日，向B公司销售一批N1产品，货款为500 000元，尚未收到，已办妥托收手续，增值税税率为17%。

（12）19日，开出现金支票5 000元购买办公用品，其中，生产车间2 000元，管理部门3 000元。

（13）20日，收到B公司寄来的一张3个月到期的银行承兑汇票，面值为585 000元，抵付产品货款。

（14）21 日，将其购买的一项专利权转让给 C 公司，该专利权的成本为 600 000 元，已摊销 220 000 元，实际取得的转让价款为 500 000 元，应交营业税 25 000 元，款项已存入银行。

（15）22 日，从上海证券交易所购买长城股份有限公司发行的股票 50 万股准备长期持有，从而拥有长城股份有限公司 51% 的股份，每股买入价为 6 元，另外购买时发生有关税费 15 000 元，款项已由银行存款支付。

（16）23 日，采用托收承付结算方式向 D 公司销售 N2 产品，货款 300 000 元，增值税额 51 000 元，以银行存款代垫运杂费 6 000 元，已办理托收手续。

（17）24 日，发行普通股 100 万股，每股面值 1 元，每股发行价格为 5 元。假定股票发行成功，股款 5 000 000 元已全部收到，不考虑发行过程中的税费等因素。

（18）25 日，将上述票据（票面金额 585 000 元）去银行贴现，贴现息为 500 元，收到 584 500 存入银行。

（19）26 日，采购员李林报销差旅费 1 800 元，退回余款 200 元。

（20）27 日，销售给光明工厂甲材料售价 500 00 元，增值税 8 500 元，款项已收存银行。

（21）28 日，用银行存款支付本月水电费 30 000 元，其中：生产车间 20 000 元，管理部门 10 000 元。

（22）29 日，用银行存款向"希望工程"捐款 20 000 元。

四、实训要求

根据上述资料，编写会计分录，填制通用记账凭证。（填制表 3 - 15 ~ 表 3 - 42）

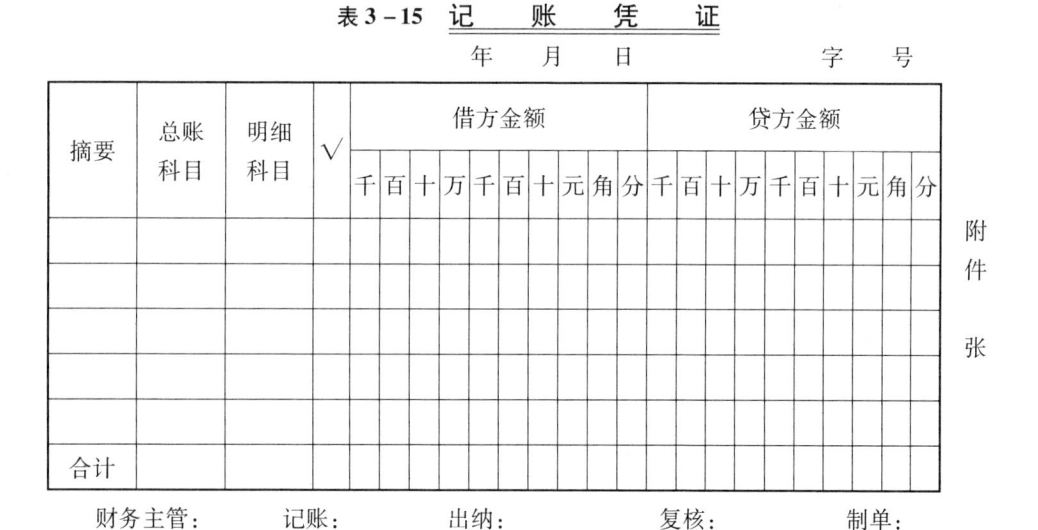

表 3 - 15　记　账　凭　证

年　月　日　　　　　　　　字　号

摘要	总账科目	明细科目	√	借方金额 千百十万千百十元角分	贷方金额 千百十万千百十元角分
合计					

附件　张

财务主管：　　　记账：　　　出纳：　　　复核：　　　制单：

表 3-16　记　账　凭　证

　　　　　　　　　　　　　　　年　月　日　　　　　　　　字　号

摘要	总账科目	明细科目	√	借方金额 千 百 十 万 千 百 十 元 角 分	贷方金额 千 百 十 万 千 百 十 元 角 分
合计					

附件　张

财务主管：　　　记账：　　　出纳：　　　复核：　　　制单：

表 3-17　记　账　凭　证

　　　　　　　　　　　　　　　年　月　日　　　　　　　　字　号

摘要	总账科目	明细科目	√	借方金额 千 百 十 万 千 百 十 元 角 分	贷方金额 千 百 十 万 千 百 十 元 角 分
合计					

附件　张

财务主管：　　　记账：　　　出纳：　　　复核：　　　制单：

表 3-18　记　账　凭　证

　　　　　　　　　年　月　日　　　　　字　号

摘要	总账科目	明细科目	√	借方金额									贷方金额								
				千	百	十	万	千	百	十	元	角	分	千	百	十	万	千	百	十	元	角	分
合计																							

附件　　张

财务主管：　　　记账：　　　出纳：　　　复核：　　　制单：

表 3-19　记　账　凭　证

　　　　　　　　　年　月　日　　　　　字　号

摘要	总账科目	明细科目	√	借方金额									贷方金额								
				千	百	十	万	千	百	十	元	角	分	千	百	十	万	千	百	十	元	角	分
合计																							

附件　　张

财务主管：　　　记账：　　　出纳：　　　复核：　　　制单：

表 3-20　记　账　凭　证

　　　　　　　　　　　　年　月　日　　　　　　　字　号

摘要	总账科目	明细科目	√	借方金额	贷方金额
				千百十万千百十元角分	千百十万千百十元角分
合计					

财务主管：　　　记账：　　　出纳：　　　复核：　　　制单：

附件　张

表 3-21　记　账　凭　证

　　　　　　　　　　　　年　月　日　　　　　　　字　号

摘要	总账科目	明细科目	√	借方金额	贷方金额
				千百十万千百十元角分	千百十万千百十元角分
合计					

财务主管：　　　记账：　　　出纳：　　　复核：　　　制单：

附件　张

表 3-22　记　账　凭　证

　　　　　　　　　　　年　　月　　日　　　　　　　　　字　　号

摘要	总账科目	明细科目	√	借方金额 千 百 十 万 千 百 十 元 角 分	贷方金额 千 百 十 万 千 百 十 元 角 分
合计					

附件　　张

财务主管：　　　记账：　　　出纳：　　　复核：　　　制单：

表 3-23　记　账　凭　证

　　　　　　　　　　　年　　月　　日　　　　　　　　　字　　号

摘要	总账科目	明细科目	√	借方金额 千 百 十 万 千 百 十 元 角 分	贷方金额 千 百 十 万 千 百 十 元 角 分
合计					

附件　　张

财务主管：　　　记账：　　　出纳：　　　复核：　　　制单：

表 3-24　记　账　凭　证

　　　　　　　　　年　月　日　　　　　　　字　号

摘要	总账科目	明细科目	√	借方金额 千百十万千百十元角分	贷方金额 千百十万千百十元角分
合计					

附件　张

财务主管：　　记账：　　出纳：　　复核：　　制单：

表 3-25　记　账　凭　证

　　　　　　　　　年　月　日　　　　　　　字　号

摘要	总账科目	明细科目	√	借方金额 千百十万千百十元角分	贷方金额 千百十万千百十元角分
合计					

附件　张

财务主管：　　记账：　　出纳：　　复核：　　制单：

表3-26　记　账　凭　证

年　月　日　　　　　　　　　字　号

摘要	总账科目	明细科目	√	借方金额 千百十万千百十元角分	贷方金额 千百十万千百十元角分
合计					

附件　　张

财务主管：　　　记账：　　　出纳：　　　复核：　　　制单：

表3-27　记　账　凭　证

年　月　日　　　　　　　　　字　号

摘要	总账科目	明细科目	√	借方金额 千百十万千百十元角分	贷方金额 千百十万千百十元角分
合计					

附件　　张

财务主管：　　　记账：　　　出纳：　　　复核：　　　制单：

表3-28　记　账　凭　证

　　　　　　　　　　　　年　月　日　　　　　　　　　字　号

摘要	总账科目	明细科目	√	借方金额										贷方金额								
				千	百	十	万	千	百	十	元	角	分	千	百	十	万	千	百	十	元	角	分
合计																							

附件　　张

财务主管：　　　记账：　　　出纳：　　　复核：　　　制单：

表3-29　记　账　凭　证

　　　　　　　　　　　　年　月　日　　　　　　　　　字　号

摘要	总账科目	明细科目	√	借方金额										贷方金额								
				千	百	十	万	千	百	十	元	角	分	千	百	十	万	千	百	十	元	角	分
合计																							

附件　　张

财务主管：　　　记账：　　　出纳：　　　复核：　　　制单：

表 3-30　记　账　凭　证

年　月　日　　　　　　　字　号

摘要	总账科目	明细科目	√	借方金额 千百十万千百十元角分	贷方金额 千百十万千百十元角分
合计					

附件　张

财务主管：　　　记账：　　　出纳：　　　复核：　　　制单：

表 3-31　记　账　凭　证

年　月　日　　　　　　　字　号

摘要	总账科目	明细科目	√	借方金额 千百十万千百十元角分	贷方金额 千百十万千百十元角分
合计					

附件　张

财务主管：　　　记账：　　　出纳：　　　复核：　　　制单：

表3-32　记　账　凭　证

　　　　　　　年　月　日　　　　　字　号

摘要	总账科目	明细科目	√	借方金额 千百十万千百十元角分	贷方金额 千百十万千百十元角分
合计					

财务主管：　　　记账：　　　出纳：　　　复核：　　　制单：

附件　　张

表3-33　记　账　凭　证

　　　　　　　年　月　日　　　　　字　号

摘要	总账科目	明细科目	√	借方金额 千百十万千百十元角分	贷方金额 千百十万千百十元角分
合计					

财务主管：　　　记账：　　　出纳：　　　复核：　　　制单：

附件　　张

表3-34　记　账　凭　证

　　　　　　　　　年　月　日　　　　　　　　字　号

摘要	总账科目	明细科目	√	借方金额 千 百 十 万 千 百 十 元 角 分	贷方金额 千 百 十 万 千 百 十 元 角 分
合计					

财务主管：　　　记账：　　　出纳：　　　复核：　　　制单：

附件　　张

表3-35　记　账　凭　证

　　　　　　　　　年　月　日　　　　　　　　字　号

摘要	总账科目	明细科目	√	借方金额 千 百 十 万 千 百 十 元 角 分	贷方金额 千 百 十 万 千 百 十 元 角 分
合计					

财务主管：　　　记账：　　　出纳：　　　复核：　　　制单：

附件　　张

表3-36 记 账 凭 证

年 月 日　　　　　　　字　号

摘要	总账科目	明细科目	√	借方金额 千百十万千百十元角分	贷方金额 千百十万千百十元角分
合计					

财务主管：　　　记账：　　　出纳：　　　复核：　　　制单：

附件　张

表3-37 记 账 凭 证

年 月 日　　　　　　　字　号

摘要	总账科目	明细科目	√	借方金额 千百十万千百十元角分	贷方金额 千百十万千百十元角分
合计					

财务主管：　　　记账：　　　出纳：　　　复核：　　　制单：

附件　张

表 3-38　记　账　凭　证

　　　　　　　　　　　年　月　日　　　　　　　字　　号

摘要	总账科目	明细科目	√	借方金额 千百十万千百十元角分	贷方金额 千百十万千百十元角分
合计					

财务主管：　　　记账：　　　出纳：　　　复核：　　　制单：

附件　　张

表 3-39　记　账　凭　证

　　　　　　　　　　　年　月　日　　　　　　　字　　号

摘要	总账科目	明细科目	√	借方金额 千百十万千百十元角分	贷方金额 千百十万千百十元角分
合计					

财务主管：　　　记账：　　　出纳：　　　复核：　　　制单：

附件　　张

表 3-40　记　账　凭　证

　　　　　　　　　　　　　年　　月　　日　　　　　　　字　　号

摘要	总账科目	明细科目	√	借方金额 千 百 十 万 千 百 十 元 角 分	贷方金额 千 百 十 万 千 百 十 元 角 分
合计					

附件　　张

财务主管：　　记账：　　出纳：　　复核：　　制单：

表 3-41　记　账　凭　证

　　　　　　　　　　　　　年　　月　　日　　　　　　　字　　号

摘要	总账科目	明细科目	√	借方金额 千 百 十 万 千 百 十 元 角 分	贷方金额 千 百 十 万 千 百 十 元 角 分
合计					

附件　　张

财务主管：　　记账：　　出纳：　　复核：　　制单：

表3-42　　记　账　凭　证

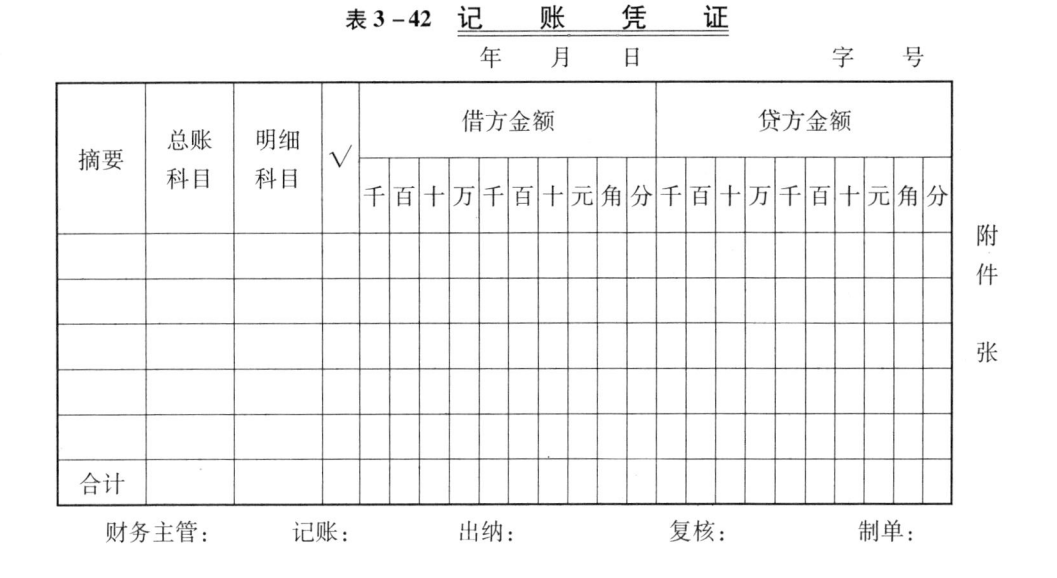

				借方金额	贷方金额	
摘要	总账科目	明细科目	√	千百十万千百十元角分	千百十万千百十元角分	附件　　张
合计						

年　月　日　　　　　　字　号

财务主管：　　记账：　　出纳：　　复核：　　制单：

任务3.3　明细分类账的登记

一、实训目的

通过实训，学生应掌握三栏式、多栏式、数量金额式明细账格式及登记方法。

二、实训指导

账簿按其用途，一般可分为序时账簿、分类账簿和备查账簿。分类账簿又称分类账，它是对各项经济业务按照账户进行分类登记的账簿。分类账簿按其反映经济内容详细程度的不同，又分为总分类账簿和明细分类账簿。明细分类账簿，也称明细分类账，简称明细账，通常是根据总账科目设置，按其所属二级或明细科目开设账户，用来分类登记某一类经济业务，提供明细核算资料的分类账簿。明细账的主要格式有三栏式、多栏式、数量金额式。

1. 三栏式账簿

三栏式账簿是设有借方、贷方和余额三个基本栏目的账簿。各种日记账、总分类账以及资本、债权、债务明细账都可采用三栏式账簿。

2. 多栏式账簿

多栏式账簿是在账簿的两个基本栏目借方和贷方的基础上按需要分设若干专

栏的账簿。收入、费用明细账一般均采用这种格式的账簿。

3. 数量金额式账簿

数量金额式账簿的借方、贷方和余额三个栏目内，都分设数量、单价和金额三小栏，借以反映财产物资的实物数量和价值量。原材料、库存商品、产成品等明细账通常采用数量金额式账簿。

三、实训资料

2015年8月1日，金利公司"原材料""应付账款""应收账款"总分类账户及其所属的明细分类账户的余额如下所述。

1)"原材料"总账为借方余额80 000元，其所属明细账结存情况为：

(1)"甲材料"明细账，结存2 000千克，单位成本为25元，金额计50 000元。

(2)"乙材料"明细账，结存1 500千克，单位成本为20元，金额计30 000元。

2)"应付账款"总账为贷方余额150 000元，其所属明细账余额为：

(1)"A公司"明细账户，贷方余额90 000元。

(2)"B公司"明细账户，贷方余额60 000元。

3)"应收账款"总账为借方余额350 000元，其所属明细账余额为：

(1)"C公司"明细账户，借方余额190 000元。

(2)"D公司"明细账户，借方余额160 000元。

2015年8月，金利公司发生的有关交易或事项如下：

(1) 5日，向A公司购入甲材料500千克，单价26元，增值税税率17%，材料已验收入库，货款尚未支付。

(2) 10日，向B公司购入乙材料2 000千克，单价18元，增值税税率17%，材料已验收入库，货款尚未支付。

(3) 12日，以银行存款支付前欠A公司的货款50 000元。

(4) 15日，以银行存款支付前欠B公司的货款30 000元。

(5) 16日，生产车间为生产产品从仓库领用甲材料1 000千克，领用乙材料2 000千克。

(6) 18日，以现金购买办公用品600元。

(7) 19日，向C公司销售商品，售价200 000元，增值税34 000元，货款未收。

(8) 20日，收到C公司前欠货款100 000元，存入银行。

(9) 22日，向D公司销售商品，售价300 000元，增值税51 000元，货款未收。

(10) 20日，收到D公司前欠货款60 000元，存入银行。

（11）月末，以银行存款支付本月电费 20 000 元。其中，生产车间耗用 15 000元，管理部门耗用 4 000 元，专设销售机构耗用 1 000 元。

（12）月末，以银行存款支付本月水费 1 800 元。其中，生产车间耗用 1 000 元，管理部门耗用 500 元，专设销售机构耗用 300 元。

（13）月末，提取本月固定资产折旧费 32 000 元。其中，生产车间 22 000 元，行政管理部门 6 000 元，专设销售机构 4 000 元。

（14）月末，分配本月职工工资。本月应付职工工资总额为 100 000 元，其中，生产工人工资 60 000 元，生产车间管理人员工资 20 000 元，行政管理部门人员工资 15 000 元，专设销售机构人员工资 5 000 元。

四、实训要求

根据上述资料，编写会计分录，按照账簿登记要求登记"原材料""应付账款""应收账款""管理费用"明细账（表 3-43~表 3-49），发出材料计价方法采用先进先出法。

表 3-43　明细分类账

类别：材料
品名或规格：　　　　　　　　　　　　　　　　　　　　　　　单位：

年		凭证字号	摘要	借方			贷方			结余		
月	日			数量	单价	金额	数量	单价	金额	数量	单价	金额

表3-44　明细分类账

类别：材料
品名或规格：　　　　　　　　　　　　　　　　　　　　　　　　　　　　单位：

年		凭证字号	摘要	借方			贷方			结余		
月	日			数量	单价	金额	数量	单价	金额	数量	单价	金额

表3-45　明细分类账　　　　　　　　　　　　　　　　　　　　　　单位：
会计科目：　　　　　　　　　　　　　　　　　　　　　　　　　　　　第　页

年		凭证字号	摘要	借方	贷方	借或贷	余额
月	日						

表3-46　明细分类账　　　　　　　　　　　　　　　　　　单位：

会计科目：　　　　　　　　　　　　　　　　　　　　　　　　　第　　页

年		凭证字号	摘要	借方	贷方	借或贷	余额
月	日						

表3-47　明细分类账　　　　　　　　　　　　　　　　　　单位：

会计科目：　　　　　　　　　　　　　　　　　　　　　　　　　第　　页

年		凭证字号	摘要	借方	贷方	借或贷	余额
月	日						

表 3-48　明细分类账　　　　　　　　　　单位：

会计科目：　　　　　　　　　　　　　　　　　第　页

年		凭证字号	摘要	借方	贷方	借或贷	余额
月	日						

表 3-49　管理费用明细账

年		凭证字号	摘要	借方（项目）			合计	贷方	余额
月	日								

任务 3.4　错账的更正

一、实训目的

通过实训，学生应掌握三种错账的更正方法，包括划线更正法、红字更正法及补充登记法。

二、实训指导

在记账过程中，如果账簿记录发生错误，应根据记账错误的性质和发现时间，按规定的更正方法予以更正。更正错账的方法，一般有划线更正法、红字更正法及补充登记法。

（一）划线更正法

在结账之前，如果发现账簿记录有错误，而记账凭证无错误，即过账时发生文字上的笔误，可采用划线更正法更正。

具体更正方法是：首先将错误的文字或数字划一条红线予以注销，然后将正确的文字或数字用蓝黑字体写在划线的上面，并在划线更正处加盖记账人员印章，以示负责。采用划线更正法时应注意：对于数字差错必须将错误数额全部划去，不允许只划线更正错误数额中的个别数字，并保持划去的字迹仍可清晰辨认，以备日后查考。例如，记账人员在根据记账凭证登记账簿时，将 9 860 元错误记为 9 680 元，不能只划去错误数字"68"，而应将错误金额"9 680"全部用红线划去，并在划线上方书写正确金额"9 860"。

（二）红字更正法

（1）在记账之后，如果发现记账凭证中的应借、应贷会计科目或金额有错误，可采用红字更正法更正。

具体更正方法是：首先用红字金额填制一张与原错误记账凭证内容完全相同的记账凭证，并在摘要栏注明"订正某月某日某号凭证"，据以用红字登记入账，冲销原有错误的账簿记录。然后用蓝黑字体填制一张正确的记账凭证，并用蓝黑字体登记入账。

（2）在记账之后，如果发现记账凭证和账簿中所记金额大于应记的正确金额，而原记账凭证应借、应贷的会计科目并无错误，可采用红字更正法更正。

具体更正方法是：将多记的金额，即错误金额大于正确金额的差额，用红字金额填制一张与原错误记账凭证应借、应贷会计科目完全相同的记账凭证，并在摘要栏注明"冲销某月某日某号凭证多记金额"，然后用红字登记入账。

（三）补充登记法

在登记入账后，如果发现记账凭证和账簿中所记金额小于应记的正确金额，而原记账凭证中应借、应贷的会计科目并无错误，可采用补充登记法更正。

具体更正方法是：将少记的金额，即错误金额小于正确金额的差额，用蓝黑字体填制一张与原错误记账凭证应借、应贷的会计科目完全相同的记账凭证，并在摘要栏注明"补充某月某日某号凭证少记金额"，然后据以登记入账。

三、实训资料

金利公司 2015 年 9 月发生以下经济业务：

（1）1 日，开出现金支票购买办公用品 1 000 元，记账凭证如表 3-50 所示。

表 3-50　付　款　凭　证

贷方科目：库存现金　　　　2015 年 9 月 1 日　　　　现付字 1 号

摘要	借方总账科目	明细科目	金额（千 百 十 万 千 百 十 元 角 分）	记账
购买办公用品	管理费用	办公费	1 0 0 0 0 0	√
合计			￥1 0 0 0 0 0	

附件 2 张

财务主管：　　　记账：　　　出纳：　　　审核：　　　制单：

(2) 3日，收到客户B公司前欠货款60 000元存入银行，记账凭证如表3-51所示。

表3-51 收款凭证

借方科目：银行存款　　　　　2015年9月3日　　　　　　银收字1号

摘要	贷方总账科目	明细科目	金额 千百十万千百十元角分	记账
收回前欠货款	应收账款	B公司	6 0 0 0 0 0 0	√
合计			¥6 0 0 0 0 0 0	

附件2张

财务主管：　　　记账：　　　出纳：　　　审核：　　　制单：

(3) 5日，收到客户A公司前欠货款200 000元存入银行，记账凭证如表3-52所示。

表3-52 收款凭证

借方科目：银行存款　　　　　2015年9月5日　　　　　　银收字2号

摘要	贷方总账科目	明细科目	金额 千百十万千百十元角分	记账
收回前欠货款	预收账款	A公司	2 0 0 0 0 0 0 0	√
合计			¥2 0 0 0 0 0 0 0	

附件2张

财务主管：　　　记账：　　　出纳：　　　审核：　　　制单：

（4）10日，提取现金10 000元，记账凭证如表3-53所示。

表3-53　付款凭证

贷方科目：银行存款　　　　　　2015年9月10日　　　　　　银付字1号

摘要	借方总账科目	明细科目	金额（千 百 十 万 千 百 十 元 角 分）	记账
提现	库存现金		1 0 0 0 0 0 0	√
合计			￥1 0 0 0 0 0 0	

附件2张

财务主管：　　　记账：　　　出纳：　　　审核：　　　制单：

（5）15日，支付前欠D公司货款250 000元，记账凭证如表3-54所示。

表3-54　付款凭证

贷方科目：银行存款　　　　　　2015年9月15日　　　　　　银付字2号

摘要	借方总账科目	明细科目	金额（千 百 十 万 千 百 十 元 角 分）	记账
支付前欠货款	应付账款	D公司	2 5 0 0 0 0 0 0	√
合计			￥2 5 0 0 0 0 0 0	

附件2张

财务主管：　　　记账：　　　出纳：　　　审核：　　　制单：

（6）20日，向A公司销售甲商品，售价100 000元，销项税17 000元，货款未收，记账凭证如表3-55所示。

表3-55 转账凭证

2015年9月20日　　　　　　　　　　　　　　　转字5号

摘要	总账科目	明细科目	√	借方金额	√	贷方金额	
				千百十万千百十元角分		千百十万千百十元角分	
销售商品	应收账款	A公司		１１７０００００			附件2张
	主营业务收入	甲商品				１０００００００	
	应交税费	增值税				１７０００００	
合计				¥１１７０００００		¥１１７０００００	

财务主管：　　　　记账：　　　　出纳：　　　　审核：　　　　制单：

（7）22日，采购员李某出差预借差旅费3 000元，并开出现金支票，记账凭证如表3-56所示。

表3-56 付款凭证

贷方科目：银行存款　　　　　2015年9月22日　　　　　　银付字3号

摘要	借方总账科目	明细科目	金额	记账	
			千百十万千百十元角分		
预付差旅费	其他应收款	李某	３０００００	√	附件2张
合计			¥　３０００００		

财务主管：　　　　记账：　　　　出纳：　　　　审核：　　　　制单：

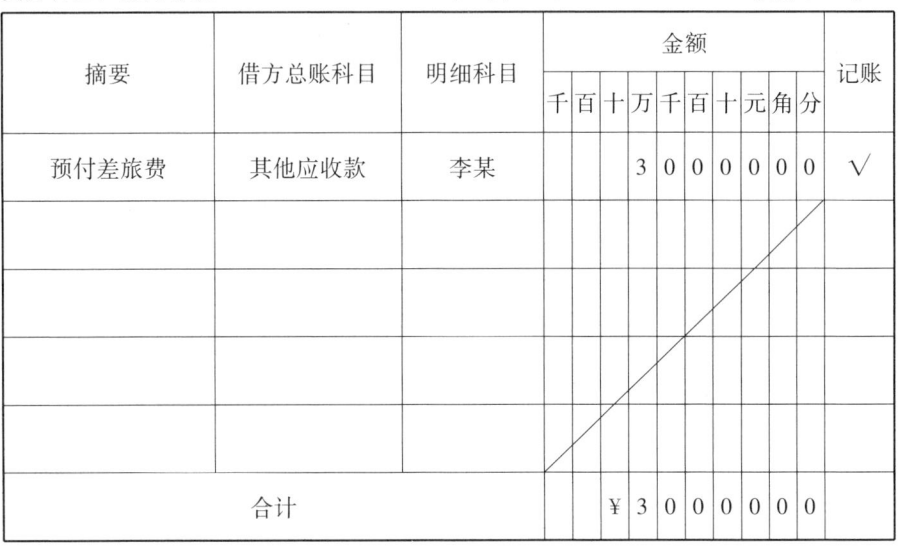

(8) 25日，以银行存款偿还供应商北海公司货款234 000元，记账凭证如表3-57所示。

表3-57 付款凭证

贷方科目：银行存款　　　　　2015年9月25日　　　　　银付字4号

摘要	借方总账科目	明细科目	金额（千百十万千百十元角分）	记账
还款	应付账款	北海公司	2 3 4 0 0 0 0 0	√
合计			¥2 3 4 0 0 0 0 0	

附件2张

财务主管：　　　记账：　　　出纳：　　　审核：　　　制单：

上述记账凭证已登记入账（其他账簿省略），如表3-58~表3-61所示。

表3-58 银行存款日记账

2015年 月	日	凭证字号	摘要	借方	贷方	借或贷	余额
9	1		期初余额			借	500 000
	3	银收1	收回货款	60 000		借	560 000
	5	银收2	收回货款	200 000		借	760 000
	10	银付1	提取现金		10 000	借	750 000
	15	银付2	付货款		250 000	借	500 000
	22	银付3	差旅费		30 000	借	470 000
	25	银付4	还款		23 400	借	446 600

表 3-59 现金日记账

2015年		凭证字号	摘要	借方	贷方	借或贷	余额
月	日						
9	1		期初余额			借	6 000
	1	现付1	购买办公用品		1 000	借	5 000
	10	银付1	提取现金	10 000		借	15 000

表 3-60 明细账

会计科目：预收账款

2015年		凭证字号	摘要	借方	贷方	借或贷	余额
月	日						
9	1		期初余额			贷	80 000
	5	银收2	收回货款		200 000	贷	280 000

表 3 – 61　明细账

会计科目：应收账款

2015 年		凭证字号	摘要	借方	贷方	借或贷	余额
月	日						
9	1		期初余额			借	100 000
	3	银收 1	收到货款		60 000	借	40 000
	20	转 5	销售商品	11 700		借	51 700

四、实训要求

认真分析上述资料中的错账，选择正确的错账更正方法更正错账，如表 3 – 62 ~ 表 3 – 68 所示。

表 3 – 62　付　　款　　凭　　证

贷方科目：　　　　　　　　　　　年　月　日　　　　　　　字　号

摘要	借方总账科目	明细科目	金额										记账
			千	百	十	万	千	百	十	元	角	分	
合　　计													

财务主管：　　　　记账：　　　　出纳：　　　　审核：　　　　制单：

表3-63　付　款　凭　证

贷方科目：　　　　　　　　　　　年　月　日　　　　　　　　字　号

摘要	借方总账科目	明细科目	金额										记账
			千	百	十	万	千	百	十	元	角	分	
合　　计													

附件　张

财务主管：　　　记账：　　　出纳：　　　审核：　　　制单：

表3-64　收　款　凭　证

借方科目：　　　　　　　　　　　年　月　日　　　　　　　　字　号

摘要	贷方总账科目	明细科目	金额										记账
			千	百	十	万	千	百	十	元	角	分	
合　　计													

附件　张

财务主管：　　　记账：　　　出纳：　　　审核：　　　制单：

表 3-65 **收 款 凭 证**

借方科目： 年 月 日 字 号

摘要	贷方总账科目	明细科目	金额 千 百 十 万 千 百 十 元 角 分	记账
合　　计				

附件　张

财务主管：　　记账：　　出纳：　　审核：　　制单：

表 3-66 **转 账 凭 证**

年 月 日 字 号

摘要	总账科目	明细科目	√	借方金额 千 百 十 万 千 百 十 元 角 分	√	贷方金额 千 百 十 万 千 百 十 元 角 分

附件　张

财务主管：　　记账：　　出纳：　　复核：　　制单：

表3-67　付　款　凭　证

贷方科目：　　　　　　　　　　年　月　日　　　　　　　　字　号

摘要	借方总账科目	明细科目	金额										记账
			千	百	十	万	千	百	十	元	角	分	
合　计													

附件　　张

财务主管：　　　记账：　　　　出纳：　　　　审核：　　　　制单：

表3-68　付　款　凭　证

贷方科目：　　　　　　　　　　年　月　日　　　　　　　　字　号

摘要	借方总账科目	明细科目	金额										记账
			千	百	十	万	千	百	十	元	角	分	
合　计													

附件　　张

财务主管：　　　记账：　　　　出纳：　　　　审核：　　　　制单：

项目 4
成本会计岗位实训

【岗位概述】

成本会计岗位是工业企业会计岗位之一。成本会计人员协助管理计划及控制公司的经营,并制定长期性或策略性的决策,以建立有效的成本控制方法,降低成本与改良品质。成本会计是一个估算、跟踪和控制产品和服务成本的流程,主要负责监督、核算公司各项成本费用,向公司领导提供成本信息和改进建议,加强公司成本控制。

【岗位职责】

(1) 严格控制成本,促进增产节约,增收节支,提高企业的经济效益。
(2) 负责编制原材料、低值易耗品和其他物料出库凭证。
(3) 负责编制制造费用分摊、结转以及相关凭证。
(4) 计算产品成本并编制产成品凭证。
(5) 编制成本报表,为管理层提出成本改进建议。
(6) 进行产品成本分析,寻找产品成本节约空间。
(7) 保管好各种凭证、账簿、报表及有关成本计算资料,防止丢失或损坏,按月装订并定期归档。
(8) 参与存货的清查盘点工作。企业在财产清查中盘盈、盘亏的资产,要视情况进行不同的处理。
(9) 办理其他与成本计算有关的事项。
(10) 公正和诚实地履行职责,并做好企业的有关保密工作。

【岗位实训】

任务 4.1 品种法

一、实训目的

通过实训,学生应掌握成本核算的要求、各要素费用的归集与分配及品种法成本核算。

二、实训指导

（一）成本核算项目

（1）成本核算对象是指归集和分配生产费用的具体对象，即生产费用承担的客体。

（2）成本项目。

根据生产特点和管理要求，企业一般可以设立以下成本项目，如表 4-1 所示。

表 4-1 成本项目表

成本项目	含义
直接材料	指企业在生产产品和提供劳务过程中所消耗的直接用于产品生产并构成产品实体的原料、主要材料、外购半成品以及有助于产品形成的辅助材料等
燃料及动力	指直接用于产品生产的外购和自制的燃料和动力
直接人工	指企业在生产产品和提供劳务过程中，直接参加产品生产的工人工资以及其他各种形式的职工报酬、福利费等
制造费用	指企业为生产产品和提供劳务而发生的各项间接成本，包括车间管理人员的工资和福利费、折旧费、办公费、水电费、机物料消耗、劳动保护费、季节性和修理期间的停工损失等

（二）成本核算的要求

（1）正确划分收益性支出与资本性支出的界限。

（2）正确划分成本费用、期间费用和营业外支出的界限。

（3）正确划分本期费用和以后期间费用的界限。

（4）正确划分各种产品成本费用的界限。

（5）正确划分本期完工产品和期末在产品成本的界限。

（三）成本核算的内容（即要素费用的归集与分配）

（1）材料、燃料、动力的归集和分配。

(2) 职工薪酬的归集和分配。
(3) 制造费用的归集和分配。

制造费用分配率 = 制造费用总额 ÷ 各产品分配标准之和

某种产品应分配的制造费用 = 该种产品分配标准 × 制造费用分配率

(4) 辅助生产费用的归集和分配。

辅助生产是指为基本生产服务而进行的产品生产和劳务供应。辅助生产成本是指辅助生产车间发生的成本。辅助生产费用的归集和分配，是通过"生产成本——辅助生产成本"科目进行的。辅助生产费用的分配方法有：

①直接分配法。直接分配法是指不考虑辅助生产内部相互提供的劳务量，直接将各辅助生产车间发生的费用分配给辅助生产以外的各个受益单位或产品。

②交互分配法。交互分配法的特点是进行两次分配。首先，在各辅助生产车间之间进行一次交互分配；其次，将各辅助生产车间交互分配后的实际费用，对辅助生产车间以外的各受益单位进行分配。

③计划成本分配法。计划成本分配法是指辅助生产为各受益单位提供的劳务，都按劳务的计划单位成本进行分配，辅助生产车间实际发生的费用与按计划成本分配转出的费用之间的差额全部计入管理费用。

④顺序分配法（梯形分配法）。顺序分配法是指按照辅助生产车间受益多少的顺序分配费用，受益少的先分配，受益多的后分配，先分配的辅助生产车间不负担后分配的辅助生产车间的费用。

（四）成本计算方法

产品成本计算方法主要包括以下三种：品种法、分批法和分步法。三种成本计算方法如表 4-2 所示。

表 4-2 产品成本计算方法

产品成本计算方法	成本计算对象	生产类型		成本管理
		生产组织特点	生产工艺特点	
品种法	产品品种	大量大批生产	单步骤生产	
			多步骤生产	不要求分步计算成本
分批法	产品批别	单件小批生产	单步骤生产	
			多步骤生产	不要求分步计算成本
分步法	生产步骤	大量大批生产	多步骤生产	要求分步计算成本

（五）品种法

1. 特点

品种法成本核算对象是产品品种，一般定期（每月月末）计算产品成本，如果企业月末有在产品，要将生产成本在完工产品和在产品之间进行分配。

2. 核算的一般程序

（1）按产品品种设立成本明细账。
（2）登记相关成本费用明细账。
（3）分配辅助生产成本。
（4）分配制造费用。
（5）分配完工产品和在产品成本。
（6）结转产成品成本。

三、实训资料

某企业为大量大批单步骤生产的企业，采用品种法计算产品成本。企业设有一个基本生产车间，生产甲、乙两种产品，还设有一个辅助生产车间（运输车间），辅助生产车间的间接生产费用不通过"制造费用"账户核算。该企业2015年8月有关产品成本核算资料如下所述。

1）产品产量资料如表4-3所示。

表4-3 产品产量　　　　　　　　　　　　单位：件

产品名称	月初在产品	本月投产	完工产品	月末在产品	完工率
甲	500	5 000	4 500	1 000	50%
乙	600	4 300	3 400	1 500	40%

2）月初在产品成本如表4-4所示。

表4-4 在产品成本　　　　　　　　　　　　单位：元

产品名称	直接材料	直接人工	制造费用	合计
甲	8 000	5 000	6 000	19 000
乙	6 500	3 000	2 500	12 000

3）该月发生生产费用：

（1）材料费用。生产甲产品耗用材料4 500元，生产乙产品耗用材料3 800

元，生产甲、乙产品共同耗用材料 9 000 元（甲产品材料定额耗用量为 3 000 千克，乙产品材料定额耗用量为 1 500 千克）。运输车间耗用材料 800 元。基本生产车间耗用消耗性材料 1 600 元。

（2）工资费用。生产工人工资为 10 000 元；运输车间人员工资为 900 元；基本生产车间管理人员工资为 1 800 元。

（3）其他费用。运输车间固定资产折旧费为 500 元，水电费为 350 元，办公费为 150 元。基本生产车间厂房、机器设备折旧费为 6 000 元，水电费为 650 元，办公费为 450 元。水电费和办公费均以银行存款支付。

4）本月产品生产为 4 000 工时，其中，甲产品耗用实际工时为 1 600 小时，乙产品耗用实际工时为 2 400 小时。

5）本月运输车间共完成 2 700 千米运输工作量。其中，基本生产车间耗用 2 500 千米，企业管理部门耗用 200 千米。

6）该企业有关费用分配方法：

（1）甲、乙产品共同耗用材料按定额耗用量比例分配。

（2）生产工人工资按甲、乙产品工时比例分配。

（3）辅助生产费用按运输千米比例分配，采用直接分配法。

（4）制造费用按甲、乙产品工时比例分配。

（5）按约当产量法分配计算甲、乙完工产品和月末在产品成本。甲产品耗用的材料随加工程度陆续投入，乙产品耗用的材料于生产开始时一次投入。

7）采用品种法计算甲、乙产品的成本。

四、实训要求

根据上述资料，填制完成表 4-5～表 4-21。

表 4-5　材料费用分配表　　　　　　　　单位：元

应借账户	成本或费用项目	直接计入金额	分配计入 分配标准	分配计入 分配金额	合计
基本生产成本	甲产品	直接材料			
	乙产品	直接材料			
	小计				
辅助生产成本	运输车间	机物料消耗			
制造费用		机物料消耗			
合计					

根据材料分配表，填制记账凭证，如表4-6所示。

表4-6 记账凭证

年　月　日　　　　　　　　　　　字　号

摘要	总账科目	明细科目	√	借方金额 千百十万千百十元角分	√	贷方金额 千百十万千百十元角分
合计						

附件　张

财务主管：　　　记账：　　　出纳：　　　复核：　　　制单：

表4-7 工资费用分配表

单位：元

应借账户		成本或费用项目	直接计入金额	分配计入		合计
				分配标准	分配金额	
基本生产成本	甲产品	直接人工				
	乙产品	直接人工				
	小计					
辅助生产成本	运输车间	工资				
制造费用		工资				
合计						

根据工资分配表填制记账凭证，如表4-8所示。

表4-8　记　账　凭　证

年　月　日　　　　　　　　字　号

摘要	总账科目	明细科目	√	借方金额 千百十万千百十元角分	√	贷方金额 千百十万千百十元角分
合计						

附件　张

财务主管：　　　记账：　　　出纳：　　　复核：　　　制单：

表4-9　其他费用汇总表　　　　　　　　　　单位：元

应借账户	折旧费	水电费	办公费	合计
辅助生产成本——运输车间				
制造费用				
合计				

根据其他费用汇总表，填制记账凭证，如表4-10所示。

表 4-10　记　账　凭　证

年　月　日　　　　　　　　　字　号

摘要	总账科目	明细科目	√	借方金额 千百十万千百十元角分	√	贷方金额 千百十万千百十元角分
合计						

附件　张

财务主管：　　　记账：　　　出纳：　　　复核：　　　制单：

表 4-11　辅助生产成本明细账

部门：运输车间　　　　　　　　　　　　　　　　　　　　单位：元

月	日	摘要	机物料消耗	工资	折旧	水电	办公	合计
		材料费用分配表						
		工资费用分配表						
		其他费用分配表						
		合计						
		分配转出						

表 4-12 辅助生产费用分配表　　　　　　　　　　　单位：元

应借账户	费用项目	耗用劳务数量	分配率	分配额
制造费用	运输费			
管理费用	运输费			
合计				

根据辅助生产费用分配表填制记账凭证，如表 4-13 所示。

表 4-13　记　账　凭　证

年　月　日　　　　　　　　字　号

摘要	总账科目	明细科目	√	借方金额 千百十万千百十元角分	√	贷方金额 千百十万千百十元角分
合计						

附件　张

财务主管：　　　记账：　　　出纳：　　　复核：　　　制单：

表4-14 制造费用明细账

年　月　　　　　　　　　　　　　　　单位：元

月	日	摘要	机物料消耗	工资	折旧	水电	办公	运输
		材料费用分配表						
		工资费用分配表						
		其他费用分配表						
		辅助生产费用分配表						
		合计						
		分配转出						

表4-15 制造费用分配表　　　　　　　单位：元

应借账户	成本项目	生产工时	分配率	分配额
基本生产成本——甲产品	制造费用			
基本生产成本——乙产品	制造费用			
合计				

根据制造费用分配表填制记账凭证，如表4-16所示。

表4-16　记　账　凭　证

年　月　日　　　　　　　字　号

摘要	总账科目	明细科目	√	借方金额 千百十万千百十元角分	√	贷方金额 千百十万千百十元角分
合计						

附件　　张

财务主管：　　记账：　　出纳：　　复核：　　制单：

表 4-17　基本生产成本明细账

产品：甲产品　　　　　　　　　　　　年　月　　　　　　　　　　　　单位：元

月	日	凭证号	摘要	直接材料	直接人工	制造费用	合计
			月初在产品成本				
			材料费用分配表				
			工资费用分配表				
			制造费用分配表				
			合计				
			完工产品成本转出				
			月末在产品成本				

表 4-18　基本生产成本明细账

产品：乙产品　　　　　　　　　　　　年　月　　　　　　　　　　　　单位：元

月	日	凭证号	摘要	直接材料	直接人工	制造费用	合计
			月初在产品成本				
			材料费用分配表				
			工资费用分配表				
			制造费用分配表				
			合计				
			完工产品成本转出				
			月末在产品成本				

表 4-19 产品成本计算单

产品：甲产品　　　　　　　　　　　　　年　　月　　　　　　　　　　　单位：元

成本项目	直接材料	直接人工	制造费用	合计
月初在产品成本				
本月生产费用				
合计				
完工产品数量				
在产品约当产量				
约当产量合计				
费用分配率				
完工产品成本				
月末在产品成本				

表 4-20 产品成本计算单

产品：乙产品　　　　　　　　　　　　　年　　月　　　　　　　　　　　单位：元

成本项目	直接材料	直接人工	制造费用	合计
月初在产品成本				
本月生产费用				
合计				
完工产品数量				
在产品约当产量				
约当产量合计				
费用分配率				
完工产品成本				
月末在产品成本				

根据产品成本计算单填制记账凭证，如表4-21所示。

表4-21　记　账　凭　证

年　月　日　　　　　　　　　　　　　　字　号

摘要	总账科目	明细科目	√	借方金额 千百十万千百十元角分	√	贷方金额 千百十万千百十元角分	
							附件 张
合计							

财务主管：　　　记账：　　　出纳：　　　复核：　　　制单：

任务4.2　分步法

一、实训目的

通过实训，学生应掌握成本核算的要求、各要素费用的归集与分配及分步法成本核算。

二、实训指导

（一）成本核算的一般程序

（1）根据生产特点和成本管理的要求确定成本核算对象。

（2）确定成本项目。

（3）设置有关成本和费用明细账。

（4）收集确定各种产品的生产量、入库量、在产品盘存量以及材料、工时、动力消耗等，并对所有已发生费用进行审核。

（5）归集所发生的全部费用，并按照确定的成本计算对象予以分配，按成本项目计算在产品成本、产成品成本和单位成本。

（6）结转产品销售成本。

（二）成本与费用的关系

费用是企业在日常生活中发生的、会导致所有者权益减少的、与向所有者分配利润无关的经济利益的总流出，它构成产品成本的基础。产品成本是为生产某种产品而发生的各种耗费的总和，是对象化的费用。

费用涵盖范围广，着重按会计期间进行归集，产品成本着重按产品进行归集。产品成本只包括完工产品的费用，不包括期间费用和期末未完工产品的费用。

（三）分步法

1. 概述

分步法是以生产过程中各个加工步骤（分品种）为成本核算对象，归集和分配生产成本，计算各步骤半成品和最后产成品成本的一种方法。

分步法的主要特点有：一，成本核算对象是各种产品；二，月末为计算完工产品成本，还需要将归集在明细账中的生产成本在完工产品和在产品之间进行分配；三，除了按品种计算和结转产品成本外，还需要计算和结转产品的各步骤成本。其核算对象是各种产品及其所经过的各个加工步骤。如果企业只生产一种产品，则成本核算对象就是该种产品及其所经过的各个生产步骤。其成本计算期是固定的，与产品的生产周期不一致。

2. 核算的一般程序

一般采用逐步结转分步法和平行结转分步法。

（1）逐步结转分步法。

逐步结转分步法是为了分步计算半成品成本而采用的一种分步法，也称计算半成品成本分步法。它是按照产品加工的顺序逐步计算并结转半成品成本，直到加工步骤完成才能计算产成品成本的一种方法。

逐步结转分步法按照成本在下一步骤成本计算单中的反映方式，还可以分为综合结转和分项结转两种方法。

综合结转法是指上一步骤转入下一步骤的半成品成本，以"直接材料"或专设的"半成品"项目综合列入下一步骤的成本计算单中。如果半成品通过半成品库收发，由于各月所生产的半成品的单位成本不同，因而所耗半成品的单位成本如同材料核算一样，采用先进先出法或加权平均法计算。

分项结转法是指将各步骤所耗用的上一步骤半成品成本，按照成本项目分项转入各该步骤产品成本明细账的各个成本项目中。如果半成品通过半成品库收发，在自制半成品明细账中登记半成品成本时，也要按照成本项目分别登记。

（2）平行结转分步法。平行结转分步法也称不计算半成品成本分步法。它是指在计算各步骤成本时，不计算各步骤所生产的半成品的成本，也不计算各步骤所耗上一步骤的半成品成本，而只计算本步骤发生的各项其他成本，以及这些成本中应计入产成品的份额，将相同产品的各步骤成本明细账中的这些份额平行结转、汇总，即可计算出该种产成品成本。

（四）分批法

1. 概述

分批法是按照产品批别归集生产费用、计算产品成本的一种方法。在小批单件生产的企业中，企业的生产活动基本是根据订货单位的订单签发工作号来组织生产的。按产品批别计算产品成本，往往与按订单计算产品成本相一致，因而分批法也叫订单法。

2. 核算的一般程序

按产品批别设置产品基本生产成本明细账、辅助生产成本明细账，账内按成本项目设置专栏。按车间设置制造费用明细账。同时，设置待摊费用、预提费用等明细账。

根据各生产费用的原始凭证或原始凭证汇总表和其他有关资料，编制各种要素费用分配表，并登账。

月末根据完工批别产品的完工通知单，将计入已完工的该批产品的成本明细账所归集的生产费用，按成本项目汇总，计算出该批完工产品的总成本和单位成本，并转账。如果出现批内产品跨月陆续完工并已销售或提货的情况，这时应采用适当的方法将生产费用在完工产品和月末在产品之间分配，计算出该批已完工产品的总成本和单位成本。

三、实训资料

万宁公司是大量大批多步骤的生产企业，采用综合逐步结转分步法。生产的甲产品经过三个基本生产车间连续加工制成：第一车间生产完工的 A 半成品，不经过仓库收发，直接转入第二车间加工制成 B 半成品，B 半成品通过仓库收发入库，第三车间向半成品仓库领用 B 半成品继续加工成甲产品。其中，1 件甲产品耗用 1 件 B 半成品，1 件 B 半成品耗用 1 件 A 半成品。

生产甲产品所需的原材料于第一车间生产开始时一次投入，第二、三车间不再投入材料。此外，该公司生产比较均衡，各基本生产车间的月末在产品完工率均为 50%。

各车间的生产费用在完工产品和在产品之间的分配，采用约当产量法。第三车间领用的 B 半成品成本结转，采用先进先出法计算。月初 B 半成品为 200 件，单位成本 150 元，共计 30 000 元。

万宁公司生产甲产品的有关成本计算资料如下所述。

（1）本月各车间产量资料如表 4-22 所示。

表 4-22 各车间产量

单位：件

摘要	第一车间	第二车间	第三车间
月初在产品数量	20	50	40
本月投产数量或上步转入	180	160	180
本月完工产品数量	200	180	200
月末在产品数量	60	30	20

（2）各车间月初及本月费用资料如表 4-23 所示。

表 4-23 各车间月初及本月费用

单位：元

摘要		直接材料	半成品	直接人工	制造费用	合计
第一车间	月初在产品成本	1 000		60	100	1 160
	本月的生产费用	23 700		2 470	2 200	28 370
第二车间	月初在产品成本		950	200	120	1 270
	本月的生产费用			3 202.75	4 803.75	8 006.50
第三车间	月初在产品成本		6 000	180	160	6 340
	本月的生产费用			3 453	2 549	6 002

四、实训要求

根据上述资料编制各步骤成本计算单，采用综合结转法计算各步骤半成品成本及产成品成本。计算过程如下：

（1）编制第一车间的成本计算单，计算第一车间的 A 半成品的实际生产成本,填制产品成本计算单,如表 4-24 所示。

表 4-24　产品成本计算单

产品名称:A 半成品　　　　　　　　车间:第一车间　　　　　　　　单位:元

摘要	直接材料	直接人工	制造费用	合计
月初在产品成本				
本月发生的生产费用				
生产费用合计				
约当产量合计				
单位成本(分配率)				
完工的 A 半成品的生产成本				
月末在产品成本				

(2)编制第二车间的成本计算单,计算第二车间的 B 半成品的实际成本,填制产品成本计算单,如表 4-25 所示。

表 4-25　产品成本计算单

产品名称:B 半成品　　　　　　　　车间:第二车间　　　　　　　　单位:元

摘要	半成品	直接人工	制造费用	合计
月初在产品成本				
本月发生的生产费用				
生产费用合计				
约当产量合计				
单位成本(分配率)				
完工的 B 半成品的生产成本				
月末在产品成本				

根据表4-25的计算结果，通过仓库收发的半成品，填制结转完工入库半成品成本记账凭证，如表4-26所示。

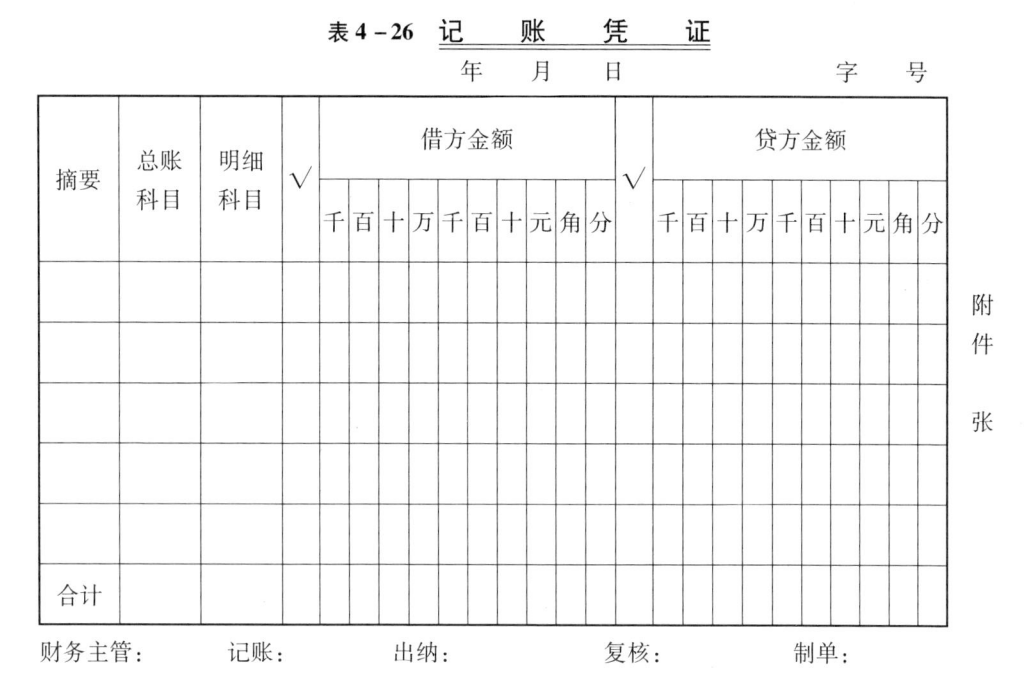

表4-26　记　账　凭　证

年　月　日　　　　　　　　　字　号

摘要	总账科目	明细科目	√	借方金额 千 百 十 万 千 百 十 元 角 分	√	贷方金额 千 百 十 万 千 百 十 元 角 分
合计						

附件　张

财务主管：　　　记账：　　　出纳：　　　复核：　　　制单：

（3）登记B半成品明细账并计算第三车间领用B半成品的实际成本，如表4-27所示。该企业采用先进先出法计算领用B半成品成本，填制自制半成品明细账。

表4-27　自制半成品明细账

品名：B半成品

2015年 月	日	凭证	摘要	收入 数量	单价	金额	发出 数量	单价	金额	结存 数量	单价	金额

根据自制半成品明细账中第三车间领用 B 半成品成本的计算结果，填制第三车间领用 B 半成品的记账凭证，如表 4-28 所示。

表 4-28　记　账　凭　证

年　月　日　　　　　　　　　　　　　字　号

摘要	总账科目	明细科目	√	借方金额 千 百 十 万 千 百 十 元 角 分	√	贷方金额 千 百 十 万 千 百 十 元 角 分
合计						

附件　张

财务主管：　　　记账：　　　出纳：　　　复核：　　　制单：

（4）编制第三车间的成本计算单，计算、填制甲产品的生产成本，如表 4-29 所示。

表 4-29　产品成本计算单

产品名称：甲产品　　　　　　车间：第三车间　　　　　　单位：元

摘要	半成品	直接人工	制造费用	合计
月初在产品成本				
本月发生的生产费用				
生产费用合计				
约当产量合计				
单位成本（分配率）				
完工甲产品的生产成本				
月末在产品成本				

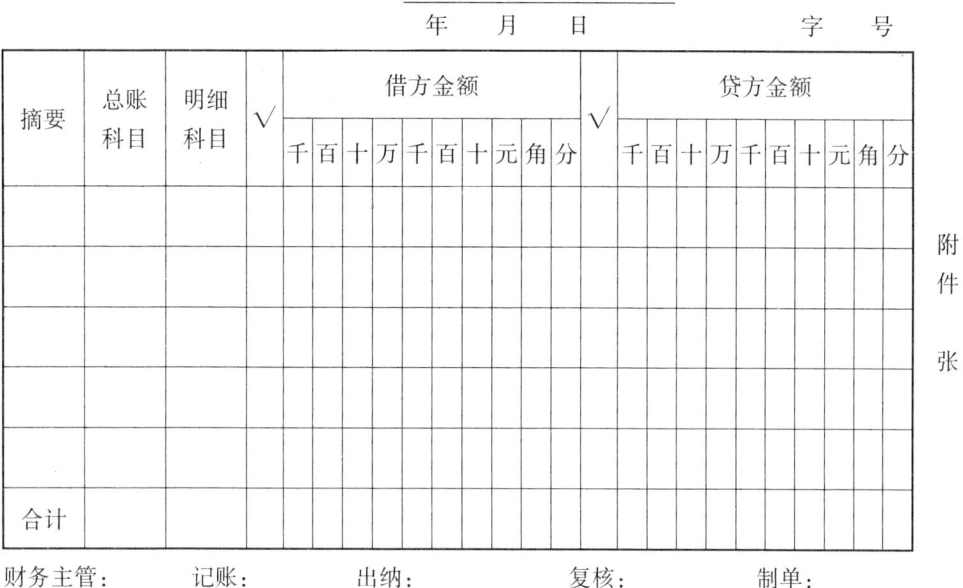

根据产品成本计算单和产成品的入库单，编制结转完工入库产品生产成本的记账凭证，如表 4-30 所示。

表 4-30 记　账　凭　证
年　月　日　　　　　　　　　　　字　号

摘要	总账科目	明细科目	√	借方金额 千百十万千百十元角分	√	贷方金额 千百十万千百十元角分
合计						

附件　张

财务主管：　　　记账：　　　出纳：　　　复核：　　　制单：

以上面的资料说明成本还原的方法，填制产品成本还原计算表，如表 4-31 所示。

表 4-31　产品成本还原计算表

品名：甲产品

行次	项目	还原分配率	B半成品	A半成品	直接材料	直接人工	制造费用	合计
1	还原前甲产品生产成本							
2	B半成品成本							
3	第一次成本还原							
4	A半成品成本							
5	第二次成本还原							
6	还原后甲产品生产成本							
7	甲产品单位生产成本							

项目 5
总账会计岗位实训

【岗位概述】

总账会计是会计岗位之一，主要负责企业的记账工作，包括期初建账、登记本期发生额、期末对账与结账，并协助会计主管完成其他财务工作。

【岗位职责】

总账会计的岗位职责主要包括：

(1) 负责制定并完成公司的财务会计制度、规定和办法。
(2) 分析检查公司财务收支和预算的执行情况。
(3) 审核公司的原始单据。
(4) 审核核算会计填制的记账凭证，编制科目汇总表。
(5) 根据科目汇总表登记总分类账，编制财务报表。
(6) 定期检查和分析财务计划、预算的执行情况，挖掘增收节支潜力，考核资金使用效果，提出加强资金管理的建议。

【岗位实训】

任务 5.1 期初建账

一、实训目的

通过实训，学生应掌握建账的含义、方法及建账应注意的问题。

二、实训指导

（一）建账的含义

建账就是根据企业具体行业要求和将来可能发生的会计业务情况购置所需要的账簿，然后根据企业日常发生的业务情况和会计处理秩序登记账簿。

（二）建账应注意的问题

（1）与企业相适应。企业规模与业务量是成正比的。规模大的企业，业务量大，分工也复杂，会计账簿需要的册数也多。企业规模小，业务量也小，甚至一个会计就可以处理所有经济业务，因此设置账簿时就没有必要设许多账，账簿数量较少。

（2）依据企业管理需要。建立账簿是为了满足企业管理需要，为管理提供有用的会计信息，所以在建账时应以满足管理需要为前提，避免重复设账、记账。

（3）依据账务处理程序。企业业务量大小不同，所采用的账务处理程序也不同。企业一旦选择了账务处理程序，也就选择了账簿的设置。例如企业采用的是记账凭证账务处理程序，企业的总账就要根据记账凭证登记，应设置一本序时登记的总账。

（三）建账的方法

（1）填写日记账、总账扉页上的有关内容。其包括单位全称，账簿名称，账簿页数，启用说明，单位领导人及各会计主管人员签章，经管人员职务、姓名，经管或接管日期，还须加盖单位公章等。

（2）将写有账户名称的口取纸粘贴在账页上，从账页的第一页下端起粘贴第一个账户，然后依次等距离粘贴写有账户名称的口取纸，并使账户的名称露在账外。

（3）按账户的名称顺序登记本年度各账户的期初余额。

（4）注明建账的日期。

（5）在"摘要"栏内填写"上年结转"字样。

（6）将上年期末余额按相同方向填入"余额"栏内。

（7）注明是"借方"或"贷方"余额。

三、实训资料

蓝天公司 2015 年 8 月 1 日总分类科目余额如表 5-1 所示。

表 5-1 总分类科目余额表 单位：元

账户名称	金额	账户名称	金额
库存现金	3 000	短期借款	50 000
银行存款	16 539 000	应付职工薪酬	100 000
交易性金融资产	5 000	应交税费	46 000
应收账款	200 000	应付利息	2 000
预付账款	45 000	实收资本	10 036 500
应收股利	6 000	本年利润	7 638 000
库存商品	53 500		
原材料	6 000		
固定资产	1 000 000		
坏账准备	-50 000		
周转材料	20 000		
资产总计	17 872 500	负债所有者权益总计	17 872 500

四、实训要求

根据期初余额完成总账的建账工作，总分类账如表 5-4 ~ 表 5-33 所示。

任务 5.2 总分类账的登记

一、实训目的

通过实训，学生应掌握总分类账格式及登记方法。

二、实训指导

账簿按其用途可分为序时账簿、分类账簿和备查账簿。分类账簿又称分类账，它是对各项经济业务按照账户进行分类登记的账簿。分类账簿按其反映经济内容详细程度的不同，又分为总分类账簿和明细分类账簿。总分类账簿也称总分类账，简称总账，是根据总分类科目开设账户，用来分类登记全部经济业务，提供总括核算资料的分类账簿。

（一）会计账簿的登记要求

登记会计账簿时，应当将会计凭证日期、编号、业务内容摘要、金额和其他有关资料逐项记入，做到数字准确、摘要清楚、登记及时、字迹工整。登记完毕后，要在记账凭证上签名或盖章，并注明已经登账的符号，即在记账凭证上所设的专门栏目中注明"√"，表示已经记账，以免发生重记或漏记。

账簿中书写的文字或数字上面要留有适当的空格，不要写满格，一般应占格距的1/2。这样，一旦发生登记错误，就能较容易地进行更正，同时也方便查账。

登记账簿要用蓝黑墨水或者碳素墨水书写，不得用圆珠笔（银行的复写账簿除外）或者铅笔书写。在会计上，数字的颜色是要素之一，它同数字和文字一起传递会计信息。书写的墨水的颜色用错了，所传递的也将是错误的会计信息。一般在下列情况下，可以用红色墨水记账：

（1）按照红字冲账的记账凭证，冲销错误记录。

（2）在不设借、贷栏的多栏式账页中，登记减少数。

（3）在三栏式账户的余额栏前，如未印明余额方向的，在余额栏内登记负数余额。

（4）根据国家统一会计制度的规定可以用红字登记的其他会计记录。

各种账簿按页次顺序连续登记，不得跳行、隔页。如果发生跳行、隔页，应当将空行、空页划线注销，或者注明"此行空白""此页空白"字样，并由记账人员签名或盖章。

凡需要结出余额的账户，结出余额后，应当在"借或贷"等栏内写明"借"或"贷"等字样，没有余额的账户，应当在"借或贷"等栏写明"平"字，并在余额栏内用"—"表示。现金日记账和银行存款日记账必须逐日结出余额。

每一账页登记完毕结转下页时，应当结出本页合计数及余额，写在本页最后一行和下页第一行有关栏内，并在摘要栏内注明"过次页"和"承前页"字样。也可以将本页合计数及金额只写在下页第一行有关栏内，并在摘要栏内注明"承前页"字样。

（二）总分类账与明细分类账的登记

在实际工作中，总分类账与明细分类账的登记采用平行登记法。平行登记法是指对所发生的每项经济业务都要以会计凭证为依据，一方面记入有关总分类账户，另一方面也要记入有关总分类账户所属的明细分类账户的方法。

在借贷记账中，总分类账户与明细分类账户之间的平行登记，可以归纳为以下几点。

1. 依据相同

当发生的交易或事项记入总分类账户及其所属明细分类账户时，所依据的会计凭证相同。虽然登记总分类账户及其所属明细分类账户的直接依据不一定相同，但原始依据是相同的。

2. 期间相同

每项经济业务在记入总分类账户和明细分类账户的过程中，可以有先有后，但必须在同一会计期间全部登记入账。

3. 方向相同

将经济业务记入总分类账和明细分类账时，记账方向必须相同。即总分类账户记入借方，明细分类账户也记入借方；总分类账户记入贷方，明细分类账户也记入贷方。

4. 金额相等

对发生的经济业务记入总分类账户的金额，应与记入其所属明细分类账户的金额合计相等。

三、实训资料

蓝天公司2015年8月发生下列经济业务：

（1）1日，向华东公司销售产品一批，专用发票列明：价款80 000元，增值税13 600元。该批产品已发出并办妥委托银行收款手续。在发货时，以转账支票代垫运杂费2 000元。

（2）3日，与鸿运公司签订协议，购入一批材料。协议约定，该批材料价格100 000万元，增值税额17 000万元；蓝天公司在协议签订时支付60%的货款（按材料价格计算），剩余货款三个月后支付。

（3）4日，从华安公司购入材料一批，专用发票注明：价款35 000元，增值税5 950元。合同规定：现金折扣条件为2/10，1/20，n/30，折扣按不含增值税的价款计算。材料已入库。

（4）8日，蓝天公司以存款购入A公司股票100万股，将其划分为交易性金融资产。实际支付价款520万元，另付交易费0.5万元。价款中含有A公司于7月20日宣布于8月20日每股发放现金股利0.2元。

（5）9日，蓝天公司从银行借入9个月期，年利率8%，利息三个月支付一次，到期还本借款120 000元。利息费用在月末确认。

（6）10日，采用以旧换新的方式销售A产品20件，总价款336 000元，增值税57 120元；收回的20件同类旧商品，共计价42 000元，作原材料入库。实际收入存款351 120元。

（7）12日，以银行存款购入旧机床一台，买价85 000元，支付运杂费1 000元。

（8）13日，购入需要安装的C设备一台，取得的专用发票注明：买价10 000元，增值税税额1 700元，运费及装卸费400元，设备交付安装。

（9）14日，以银行存款支付4日华安公司的购货款。

（10）15日，确认已逾期3年尚未收回的B公司账款5 000元为坏账。

（11）16日，生产车间领用一批修理用小工具，总价值230元。采用一次摊销法核算。

（12）19日，C设备安装完毕，交生产车间使用。以银行存款支付安装费500元。

（13）20日，收到A公司在7月20日发放的股利。

（14）22日，蓝天公司将一台不需用的旧设备出售，账面原值为30万元，累计折旧16万元，售价11万元。出售款存入银行。以银行存款支付出售旧设备的清理费用0.3万元。

（15）上月12日，购入面包车一辆，总价值8.64万元，采用工作量法计提折旧，预计该面包车能够行驶72 000千米，净残值率5%，8月实际行驶1 550千米，月末，需计提折旧。

（16）月末，确认本月利息费用。

（17）月末，发放工资：委托银行代发"实发工资"100 000元。

（18）月末，将损益类账户转入本年利润。

五、实训要求

根据上述资料编写会计分录、科目汇总表（表5-2、表5-3），并登记总分类账（表5-4~表5-30）。

表 5-2 科目汇总表

2015年8月1~15日　　　　　　　　　　　　　　　　　　　汇字第1号

会计科目	账页	借方发生额	贷方发生额	记账凭证起讫号数
				略
合计				

表 5-3 科目汇总表

2015 年 8 月 16~31 日　　　　　　　　　　　　　　　汇字第 2 号

会计科目	账页	借方发生额	贷方发生额	记账凭证起讫号数
				略
合计				

表 5-4　总分类账

会计科目：

2015 年 月　日	凭证号数	摘要	借方	贷方	借或贷	余额

表 5-5　总分类账

会计科目：

2015 年 月　日	凭证号数	摘要	借方	贷方	借或贷	余额

表 5-6　总分类账

会计科目：

2015 年 月　日	凭证号数	摘要	借方	贷方	借或贷	余额

表 5-7 总分类账

会计科目：

2015 年 月 日	凭证号数	摘要	借方	贷方	借或贷	余额

表 5-8 总分类账

会计科目：

2015 年 月 日	凭证号数	摘要	借方	贷方	借或贷	余额

表 5-9 总分类账

会计科目：

2015 年 月 日	凭证号数	摘要	借方	贷方	借或贷	余额

表 5-10　总分类账

会计科目：

2015 年		凭证号数	摘要	借方	贷方	借或贷	余额
月	日						

表 5-11　总分类账

会计科目：

2015 年		凭证号数	摘要	借方	贷方	借或贷	余额
月	日						

表 5-12　总分类账

会计科目：

2015 年		凭证号数	摘要	借方	贷方	借或贷	余额
月	日						

表 5-13　总分类账

会计科目：

2015年 月　日	凭证号数	摘要	借方	贷方	借或贷	余额

表 5-14　总分类账

会计科目：

2015年 月　日	凭证号数	摘要	借方	贷方	借或贷	余额

表 5-15　总分类账

会计科目：

2015年 月　日	凭证号数	摘要	借方	贷方	借或贷	余额

表 5-16　总分类账

会计科目：

2015 年		凭证号数	摘要	借方	贷方	借或贷	余额
月	日						

表 5-17　总分类账

会计科目：

2015 年		凭证号数	摘要	借方	贷方	借或贷	余额
月	日						

表 5-18　总分类账

会计科目：

2015 年		凭证号数	摘要	借方	贷方	借或贷	余额
月	日						

表 5-19　总分类账

会计科目：

2015 年		凭证号数	摘要	借方	贷方	借或贷	余额
月	日						

表 5-20　总分类账

会计科目：

2015 年		凭证号数	摘要	借方	贷方	借或贷	余额
月	日						

表 5-21　总分类账

会计科目：

2015 年		凭证号数	摘要	借方	贷方	借或贷	余额
月	日						

表 5-22 总分类账

会计科目：

2015 年 月 日	凭证号数	摘要	借方	贷方	借或贷	余额

表 5-23 总分类账

会计科目：

2015 年 月 日	凭证号数	摘要	借方	贷方	借或贷	余额

表 5-24 总分类账

会计科目：

2015 年 月 日	凭证号数	摘要	借方	贷方	借或贷	余额

表 5-25　总分类账

会计科目：

2015 年		凭证号数	摘要	借方	贷方	借或贷	余额
月	日						

表 5-26　总分类账

会计科目：

2015 年		凭证号数	摘要	借方	贷方	借或贷	余额
月	日						

表 5-27　总分类账

会计科目：

2015 年		凭证号数	摘要	借方	贷方	借或贷	余额
月	日						

表 5-28　总分类账

会计科目：

2015 年 月　日	凭证号数	摘要	借方	贷方	借或贷	余额

表 5-29　总分类账

会计科目：

2015 年 月　日	凭证号数	摘要	借方	贷方	借或贷	余额

表 5-30　总分类账

会计科目：

2015 年 月　日	凭证号数	摘要	借方	贷方	借或贷	余额

项目 6
会计主管岗位实训

【岗位概述】

会计主管是会计岗位之一,负责公司财务管理及财务策划、会计核算及税务核算工作;根据国家财务会计法规和行业会计规定,结合公司特点,负责拟订公司会计核算的有关工作细则和具体规定。

【岗位职责】

会计主管岗位职责主要包括以下方面:

(1) 科学合理地制定规章制度及工作流程。

(2) 负责领导所属的出纳员、记账员、会计员按时、按要求记账收款,如实反映和监督企业的各项经济活动和财务收支情况,保证各项经济 业务合情、合理、合法。

(3) 根据规定的成本、费用开支范围和标准,审核原始凭证的合法性、合理性和真实性,审核费用发生的审批手续是否符合公司规定。

(4) 监控公司成本费用状况,监督各部门的经费支出。对异常情况要及时向上级汇报并采取措施。

(5) 正确计算收入、费用、成本,正确计算和处理财务成果,负责编制公司月度、年度会计报表及附注说明。

(6) 定期或不定期组织对公司固定资产和流动资金的清查、核实工作,确保财产的准确性,加强对固定资产和流动资金的管理,提高资金的利用率。

(7) 负责公司税金的计算、申报和解缴工作,协助有关部门开展财务审计和年检工作。

(8) 督促各责任会计及时做好会计凭证、账册、报表等财会资料的收集、汇编、归档等会计档案管理工作。

(9) 按时编制报送公司规定的各种内部报表。

(10) 负责本部门的日常管理工作。

【岗位实训】

任务 6.1 试算平衡表的编制

一、实训目的

通过实训，学生应掌握试算平衡表的基本结构、编制要求和具体编制方法。

二、实训指导

试算平衡，就是根据借贷记账法的"有借必有贷，借贷必相等"的平衡原理，检查和验证账户记录正确性的一种方法。试算平衡工作是通过编制试算平衡表完成的。编制试算平衡表，是为了在结计利润以前及时发现错误并予以更正。同时，它汇集了各账户的资料，依据试算平衡表编制会计报表，比直接依据分类账编制会计报表更为方便，对于拥有大量分类账的企业尤其如此。试算平衡的种类有发生额试算平衡、余额试算平衡两种。

1. 发生额试算平衡

发生额试算平衡就是通过计算全部账户的借、贷方发生额是否相等来检验本期账户记录是否正确的方法。其计算公式如下：

全部账户本期借方发生额合计 = 全部账户本期贷方发生额合计

发生额试算平衡的理论依据是借贷记账法的记账规则，即"有借必有贷，借贷必相等"。由于每项经济业务的会计分录借贷两方的发生额是相等的，因此，无论发生多少笔经济业务，只要账务处理没有差错，所有账户借方发生额合计必然等于所有账户贷方发生额合计。如果出现不相等，必然是在记账过程中出现了差错，应及时查找并更正。

2. 余额试算平衡

余额试算平衡就是通过计算全部账户的借方余额合计与贷方余额合计是否相等来检验本期账户记录是否正确的方法。根据时间不同又分为期初余额平衡与期末余额平衡。其计算公式如下。

全部账户的期末（期初）借方余额合计＝全部账户的期末（期初）贷方余额合计

如果试算平衡表借方余额合计数和贷方余额合计数不相等，说明存在错误，应当予以查明纠正。一般地，首先应检查试算平衡表本身有无差错，即借方余额和贷方余额的合计数有无漏加或错加。如果试算平衡表本身没有加算错误，就须用下列方法依次进行检查，直至找出错误。

检查全部账户是否都已列入试算平衡表，并检查各个账户的发生额和期末余额是否都已正确地抄入试算表。

复核各个账户的发生额和期末余额是否计算正确。

追查由记账凭证转记分类账的过程，核对后应在已核对数旁作核对记号。追查结束后，再查寻一下记账凭证、分类账上有无未核对的金额。在追查记账的过程中，不仅要注意金额是否无误，而且要核对过账时借方和贷方有无错置。

核实记账凭证编制是否正确，有无记账方向差错、违反"有借必有贷，借贷必相等"的记账规则。

应当指出，试算平衡表如果平衡，并不意味着日常账户记录完全正确，只是基本正确，因为有些账户记录的错误很难从试算平衡表中发现。不影响试算平衡的记账错误有：

（1）漏记某项经济业务，将使本期借贷双方的发生额等额减少。

（2）重记某项经济业务，将使本期借贷双方的发生额等额虚增。

（3）某项经济业务记错有关账户。

（4）某项经济业务在账户记录中颠倒了记账方向。

（5）借方或贷方发生额中，偶然发生等额多记或少记。

诸如此类的错误，并不能通过试算平衡来发现，为此还须做好平时的记账和核对工作，保证做到记录正确无误。

在实际工作中，试算平衡工作是通过编制试算平衡表完成的。试算平衡表通常是在月末结出各个账户的本月发生额和月末余额后，依据上述平衡公式编制的。试算平衡表的格式是三大栏六小栏，设置"期初余额""本期发生额""期末余额"三大栏，并在每栏下设置借方和贷方两个小栏，各大栏的借方合计与贷方合计应该相等，否则便存在记账错误。

三、试算平衡表格式（表6-1）

表6-1 总分类账户试算平衡表

年　　月　　日　　　　　　　　　　　　　　　单位：

账户名称	期初余额		本期发生额		期末余额	
	借方	贷方	借方	贷方	借方	贷方
银行存款						
应收账款						
原材料						
固定资产						
短期借款						
应付账款						
实收资本						
合计						

四、实训资料

蓝天公司2015年11月初有关账户的余额如表6-2所示。

表 6 – 2　总分类账户余额表

2015 年 11 月 1 日　　　　　　　　　　　　　　　　　　单位：元

账户名称	借方余额	账户名称	贷方余额
库存现金	50 000.00	应付账款	417 994.96
银行存款	721 279.40	应付职工薪酬	82 100.00
应收账款	340 000.00	应交税费	27 953.74
其他应收款	29 486.00	实收资本	800 000.00
库存商品	131 500.00	累计折旧	2 804.34
固定资产	57 540.15		
利润分配	1 047.49		
合　计	1 330 853.04		1 330 853.04

该公司11月发生如下经济业务：

（1）1日，总经理报销差旅费：预支4 000元，退回1 000元。

（2）3日，收到瑞鑫公司货款50 000元。

（3）5日，提取备用金10 000元。

（4）5日，用现金支付办公场地费4 200元。

（5）8日，采购货物一批：男式衬衫（170/92）1 500件，单价25元；
　　　　　　　　　　　　男式衬衫（175/100）750件，单价30元；
　　　　　　　　　　　　女式衬衫（160/38）1 000件，单价20元。
　　　　　　　　　　　　增值税税率17%，款项未付。

（6）10日，支付华谊公司货款152 100元。

（7）10日，支付电汇手续费15.5元。

（8）11日，销售货物一批：男式衬衫（170/92）1 030件，单价50元；
　　　　　　　　　　　　男式衬衫（175/100）750件，单价60元；
　　　　　　　　　　　　女式衬衫（155/35）500件，单价40元；
　　　　　　　　　　　　女式衬衫（160/38）300件，单价45元。

增值税税率17%，款项未收。

（9）12日，缴纳下列税费：缴纳增值税12 100元，缴纳个人所得税1 210元。

缴纳印花税243.3元，缴纳企业所得税12 948.44元。

缴纳城市维护建设税847元、教育费附加363元、

地方教育费附加242元。

（10）15日，发放10月工资，银行支付71 160.7元，代扣个人缴纳社保费4 386元，个人缴纳公积金5 100元，个人缴纳所得税1 453.3元。

（11）16日，收到佳人公司货款120 000元，存入银行。

（12）16日，缴纳社保费13 642.50元，代扣个人缴纳社保费4 386元。

（13）18日，以银行存款支付水电费2 000元。

（14）20日，现金采购货物一批：男式衬衫（170/92）1 000件，单价25元。

女式衬衫（155/35）1 000件，单价15元。

女式衬衫（160/38）500件，单价20元。

增值税税率17%，款项未付。

（15）20日，现金支付员工借款3 000元。

（16）21日，现金采购办公用品1 185元。

（17）22日，销售货物一批：男式衬衫（170/92）1 300件，单价50元。

男式衬衫（175/100）500件，单价60元。

女式衬衫（155/35）550件，单价40元。

女式衬衫（160/38）1 000件，单价45元。

增值税税率17%，款项未收。

（18）23日，以银行存款支付思安服饰公司货款46 800元。

（19）24日，缴纳住房公积金（单位和个人各承担50%）共10 200元。

（20）27日，以银行存款支付本月运输费5 090.91元，税率为11%。

（21）27日，以银行存款支付金诺服装公司货款117 000元。

（22）27日，以银行存款支付电汇手续费10元。

（23）30日，结转本月销售成本。

（24）30日，结转各损益类账户。

五、实训要求

根据上述资料完成结账前试算平衡表的编制，如表6-3所示。

表 6-3 试算平衡表

年   月   日

会计科目	期初余额		本期发生额		期末余额	
	借方	贷方	借方	贷方	借方	贷方
合计						

任务 6.2　资产负债表的编制

一、实训目的

通过实训，学生应掌握资产负债表的基本结构、编制要求和具体的编制方法。

二、实训指导

资产负债表是反映企业某一特定日期财务状况的报表，属于静态报表。它是根据"资产＝负债＋所有者权益"这一等式，依照一定的分类标准和顺序，将企业在一定日期的全部资产、负债和所有者权益项目进行适当分类、汇总、排列后编制而成。资产负债表的格式一般采用账户式。为了提供比较信息，资产负债表的各项目均需填列"年初余额"和"期末余额"两栏数字。

（一）"年初余额"栏的填列方法

"年初余额"栏内各项目的数字，可根据上年末资产负债表"期末余额"栏相应项目的数字填列。如果本年度资产负债表规定的各个项目的名称和内容与上年度不一致，应当对上年年末资产负债表各个项目的名称和数字按照本年度的规定进行调整，填入"年初余额"栏。

（二）"期末余额"栏的填列方法

1. 根据一个或几个总账科目的余额填列

资产负债表中的大部分项目，都可以根据相应的总账科目余额直接填列。例如，资产负债表中的"交易性金融资产""短期借款""应付票据""应付职工薪酬""应交税费""实收资本"等项目应直接根据总账科目的期末余额填列；"货币资金""未分配利润"等项目应根据几个总账科目的期末余额计算分析填列。

2. 根据明细科目的余额计算填列

"应收账款"项目应根据"应收账款"和"预收账款"账户所属明细账借方余额之和减"坏账准备"账户余额后的金额填列；"预收款项"项目应根据"应收账款"和"预收账款"账户所属明细账贷方余额之和填列；"应付账款"项目根据"应付账款"和"预付账款"账户所属明细账贷方余额之和填列；"预付款项"项目应根据"应付账款"和"预付账款"账户所属明细账借方余额之和填列。

3. 根据总账科目余额和明细账科目余额计算填列

"长期借款"项目应根据"长期借款"总账科目余额扣除"长期借款"账户所属明细账科目中将于一年内到期的长期借款后的金额计算填列。其中将于一年内到期的长期借款记入"一年内到期的非流动负债"项目。

4. 根据有关科目余额减去其备抵科目余额后的净额填列

"应收票据""应收账款""长期股权投资""在建工程"等项目，应根据"应收票据""应收账款""长期股权投资""在建工程"等科目的期末余额减去其备抵科目期末余额后的净额填列。

5. 综合运用上述填列方法分析填列

资产负债表有些项目需要综合运用上述填列方法分析填列。如"存货"项目应根据"原材料""库存商品""委托加工物资""周转材料""材料采购""在途物资""发出商品""材料成本差异"等总账科目期末余额的分析汇总数，再减去"存货跌价准备"科目余额后的净额填列。

三、实训资料

蓝天公司 2014 年 12 月 31 日与 2015 年 12 月 31 日，总分类账户及明细分类账户余额如表 6-4 ~ 表 6-7 所示。

表 6-4　总分类账户余额表

2014 年 12 月 31 日　　　　　　　　　　　　　　　　单位：元

账户名称	借方余额	账户名称	贷方余额
库存现金	72 080	坏账准备——应收账款	7 270
银行存款	407 860	坏账准备——其他应收款	1 000
其他货币资金	100 000	存货跌价准备	25 630
交易性金融资产	200 000	短期借款	320 000
应收票据	240 000	应付票据	662 000
应收账款	461 600	预收账款	140 140
预付账款	93 600	应付账款	526 000
其他应收款	50 000	应付职工薪酬	120 500
原材料	358 210	应交税费	74 020
在途物资	32 760	其他应付款	98 000

续表

账户名称	借方余额	账户名称	贷方余额
生产成本	885 660	累计折旧	1 403 500
库存商品	100 260	累计摊销	25 000
固定资产	5 662 500	固定资产减值准备	60 430
在建工程	240 632	长期借款	500 000
无形资产	280 000	其中一年内需偿还的长期借款	100 000
利润分配	120 000	实收资本	4 800 000
		资本公积	148 000
		盈余公积	32 892
		利润分配——未分配利润	360 780
合计	9 305 162	合计	9 305 162

表6-5 明细分类账户余额表

2014年12月31日　　　　　　　　　　　　　　　　单位：元

总账	借方余额	贷方余额
应收账款	461 600	
——A公司	600 000	
——B公司		138 400
预付账款	93 600	
——C公司	100 000	
——D公司		6 400
应付账款		526 000
——E公司		600 000
——F公司	74 000	
预收账款		140 140
——M公司	59 860	
——N公司		200 000

表 6-6 总分类账户余额表

2015 年 12 月 31 日　　　　　　　　　　　　　　　　单位：元

总账	借方余额	贷方余额
库存现金	4 500	
银行存款	800 000	
其他货币资金	10 000	
交易性金融资产	20 000	
应收票据	15 000	
应收账款	414 800	
预付账款	45 000	
坏账准备		2 500
在途物资	960 720	
原材料	68 000	
库存商品	42 000	
周转材料	5 000	
生产成本	35 000	
存货跌价准备		2 000
其他应收款	100 000	
固定资产	2 000 000	
累计折旧		200 000
在建工程	80 000	
无形资产	150 000	
短期借款		100 000
应付账款		48 000
预收账款		10 000
应付职工薪酬		120 500

续表

总账	借方余额	贷方余额
应交税费		74 020
其他应付款		81 000
长期借款		300 000
实收资本		3 062 000
资本公积		300 000
盈余公积		200 000
本年利润		100 000
利润分配		150 000
合计	4 750 020	4 750 020

注：坏账准备全部是对应收账款计提的。

表6-7　明细分类账户余额表

2015年12月31日　　　　　　　　　　　　　　　　　　单位：元

总账	借方余额	贷方余额
应收账款	414 800	
——A公司	600 000	
——B公司		185 200
预付账款	45 000	
——C公司	100 000	
——D公司		55 000
应付账款		48 000
——E公司		50 000
——F公司	2 000	
预收账款		10 000
——M公司	40 000	
——N公司		50 000

注：长期借款中含有一年内到期的借款100 000元，坏账准备全部是对应收账款计提的。

四、实训要求

根据上述资料编制该公司 2015 年 12 月 31 日的资产负债表，如表 6－8 所示。

表 6－8　资产负债表　　　　　　　　　　会企01

编制单位：　　　　　　　　　年　月　日　　　　　　　　　　单位：元

资产	期末余额	年初余额	负债和所有者权益	期末余额	年初余额
流动资产：			流动负债：		
货币资金			短期借款		
交易性金融资产			应付票据		
应收票据			应付账款		
应收账款			预收账款		
预付账款			应付职工薪酬		
应收利息			应交税费		
应收股利			应付利息		
其他应收款			应付股利		
存货			其他应付款		
一年内到期的非流动资产			一年内到期的非流动负债		
其他流动资产			其他流动负债		
流动资产合计			流动负债合计		
非流动资产：			非流动负债：		
长期股权投资			长期借款		
固定资产			应付债券		

续表

资产	期末余额	年初余额	负债和所有者权益	期末余额	年初余额
在建工程			长期应付款		
无形资产			递延所得税负债		
长期待摊费用			其他非流动负债		
其他非流动资产					
非流动资产合计			非流动负债合计		
			负债合计		
			所有者权益：		
			实收资本		
			资本公积		
			盈余公积		
			未分配利润		
			所有者权益合计		
资产合计			负债和所有者权益合计		

任务6.3 利润表的编制

一、实训目的

通过实训，学生应掌握利润表的基本结构、编制要求和具体的编制方法。

二、实训指导

利润表是反映企业在一定会计期间经营成果的报表，属于动态报表。利润是根据会计核算的配比原则把一定时期内的收入和相对应的成本费用配比，从而计算出一定时期的各项利润指标。在我国，企业应当采用多步式利润表，将不同性质的收入和费用分别进行对比，以便得出一些中间性的利润数据，帮助使用者理解企业经营成果的不同来源。利润表的填列方法表述如下。

1．"上期金额"栏的填列方法

"上期金额"栏应根据上年该期利润表"本期金额"栏内所列数字填列。如果上年该期利润表规定的各个项目的名称和内容同本期不一致，应对上年该期利润表各项目的名称和数字按本期规定进行调整，填入利润表"上期金额"栏内。

2．"本期金额"栏的填列方法

"本期金额"栏根据"主营业务收入""主营业务成本""营业税金及附加""销售费用""管理费用""财务费用""资产减值损失""公允价值变动损益""投资收益""营业外收入""营业外支出""所得税费用"等科目的发生额分析填列。"营业利润""利润总额""净利润"等项目根据该表中相关项目计算填列。

第一步，计算营业利润。

营业利润＝营业收入－营业成本－营业税金及附加－销售费用－管理费用－财务费用－资产减值损失＋公允价值变动收益（－公允价值变动损失）＋投资收益（－投资损失）

其中：营业收入＝主营业务收入＋其他业务收入

营业成本＝主营业务成本＋其他业务成本

第二步，计算利润总额。

利润总额＝营业利润＋营业外收入－营业外支出

第三步，计算净利润。

净利润＝利润总额－所得税费用

三、实训资料

蓝天公司2014年12月与2015年12月有关损益类账户的发生额如表6-9、表6-10所示。

表6-9 损益类账户发生额

2014年12月   单位：元

账户名称	本期发生额	
	借方余额	贷方余额
主营业务收入		250 000
其他业务收入		120 000
营业外收入		20 000
投资收益		50 000
公允价值变动损益		10 000
主营业务成本	180 000	
其他业务成本	90 000	
营业税金及附加	8 000	
销售费用	10 000	
管理费用	12 000	
财务费用	5 000	
资产减值损失	2 000	
营业外支出	12 000	
所得税费用	32 750	

表6-10 损益类账户发生额

2015年12月   单位：元

账户名称	本期发生额		账户名称	本期发生额	
	借方	贷方		借方	贷方
主营业务收入	40 000	540 000	主营业务成本	250 000	20 000
其他业务收入		80 000	销售费用	60 000	
营业外收入		20 000	营业税金及附加	40 000	
投资收益	120 000	100 000	其他业务成本	50 000	
资产减值损失	1 000		营业外支出	10 000	
公允价值变动损益	5 000	20 000	管理费用	90 000	4 000
			财务费用	25 000	5 000
			所得税费用	26 000	

四、实训要求

编制该公司当月利润表，如表 6-11 所示。

表 6-11 利润表

编制单位：　　　　　　　　　　　　年　　月　　　　　　　　　　　单位：元

项目	行次	上期金额	本期金额
一、营业收入			
减：营业成本			
营业税金及附加			
销售费用			
管理费用			
财务费用			
加：投资收益（亏损以"-"号填列）			
二、营业利润（亏损以"-"号填列）			
加：营业外收入			
减：营业外支出			
三、利润总额（亏损以"-"号填列）			
减：所得税费用			
四、净利润			

项目 7
会计岗位综合模拟实训

会计岗位综合模拟实训是在会计岗位单项实训的基础上,通过模拟工业企业一个月的经济业务,让学生完成企业一个月的全套账务处理。实训内容涵盖各会计岗位的基本实训,将单项实训的内容融会贯通。

一、实训目的

本实训是以某工业企业一个月的经济业务为例,按照会计账务处理程序,完成各环节会计核算工作,包括建账、填制和审核原始凭证、填制和审核记账凭证、登记各类账簿、编制会计报表等会计核算工作,体现了一个综合、完整的会计循环过程。通过综合实训,学生应对会计核算工作有一个系统、全面、完整的认识,在强化实际操作技能训练的同时,提高分析问题、解决问题的能力。

二、实训指导

(1) 账务处理程序采用科目汇总表账务处理程序。
(2) 记账凭证选择通用记账凭证。
(3) 材料采购运杂费用按原材料数量比例分配。
(4) 制造费用按工人工资比例分配。
(5) 存货核算采用实际成本计价法。

三、岗位设置与分工

出纳:负责填制部分原始凭证,登记现金日记账和银行存款日记账。
核算会计:负责填制部分原始凭证,编制记账凭证、登记各明细账。
成本会计:负责填制记账凭证,编制成本计算表。
总账会计:负责编制科目汇总表,登记总分类账。
会计主管:编制试算平衡表、资产负债表、利润表及现金流量表。

四、实训资料

1. 公司基本资料

公司名称：内蒙古金利服装有限责任公司，增值税一般纳税人

开户行：工商银行大学路支行　　账号：888777666555

地址：呼和浩特市大学路 168 号

纳税人登记号：15010519561122288

经营范围：生产服装

产品名称：女装 160、女装 165、女装 170

原材料：涤纶面料、纯棉面料

供应商：（1）山东佳美针织有限责任公司，简称佳美公司

　　　　　　开户行：中国银行人民路支行　　账号：999888777666

　　　　（2）山东天丽针织有限责任公司，简称天丽公司

　　　　　　开户行：中国建设银行中山路支行　　账号：888999777666

客户：（1）民族商贸有限公司，简称民族公司

　　　　　纳税登记号：150105197510081111

　　　　　开户行：中国银行中山路支行　　账号：999999888888

　　　　　地址：呼和浩特市中山路 188 号

　　　（2）华夏商贸有限公司，简称华夏公司

　　　　　纳税登记号：150105197310086666

　　　　　开户行：工商银行光华路支行　　账号：666666555555

　　　　　地址：呼和浩特市光华路 166 号

公司总经理：王志　　　　　总账会计（主管）：李青

核算会计：李娜　　　　　　成本会计：陈利　　　　　出纳：王新

2. 公司各项业务处理

（1）薪酬业务处理：公司承担的保险省略，只核算职工个人承担的部分，职工个人承担的养老保险、医疗保险、失业保险、住房公积金计提比例分别为 8%、2%、0.2%、12%，每月 20 日发上月工资，各类社会保险按照上月工资当月计提。

（2）固定资产业务的处理：公司固定资产包括房屋及建筑物、办公设备和运输工具，均为在用状态，采用平均年限法按月计提折旧。

（3）存货业务的处理：采用永续盘存制，按实际成本计价，发出存货采用先进先出法计算。

（4）税费的处理：公司为增值税一般纳税人，增值税税率为 17%；按当期应交增值税的 7% 计算城市维护建设税、3% 计算教育费附加、2% 计算地方教育

费附加；企业所得税的计税依据为应纳税所得额，税率为25%，不考虑应纳税所得额调整和暂时性差异。每月15日前缴纳上月税费。

（5）坏账损失的处理：除应收账款外，其他应收款项不计提坏账准备。期末，按应收账款余额百分比法计提坏账准备，提取比例为0.5%（月末视同年末）。

（6）利润分配：根据公司章程，公司税后利润按以下顺序及规定分配：弥补亏损；提取法定盈余公积（比例为10%）；提取公益金（比例为5%）；向投资者分配利润。

（7）损益类账户的结转：损益类账户结转采用账结法。

该公司2016年1月1日总分类账户及明细分类账户余额如表7-1所示。

表7-1　总分类账户及明细分类账户余额表

2016年1月1日　　　　　　　　　　　　　　　　　　单位：元

账户名称	借方余额	账户名称	贷方余额
库存现金	5 000	应付账款	300 000
银行存款	500 000	佳美公司	200 000
应收账款	520 000	天丽公司	100 000
民族公司	200 000	短期借款	200 000
华夏公司	300 000	应付利息	5 000
百盛商城	20 000	应交税费	83 320
坏账准备	-2 600	未交增值税	51 000
原材料	55 000	城市维护建设税	3 570
涤纶	10 000	教育费附加	1 530
纯棉	40 000	地方教育费附加	1 020
辅助材料	5 000	应交所得税	25 000
生产成本	38 000	应交个人所得税	1 200
女装165	20 000	应付职工薪酬	159 080
女装170	18 000	工资	115 500

续表

账户名称	借方余额	账户名称	贷方余额
库存商品	58 000	职工福利	43 580
女装165	18 000	其他应付款	30 000
女装170	40 000	长期借款	200 000
固定资产	2 000 000	实收资本	1 500 000
累计折旧	−570 000	资本公积	100 000
在建工程	190 000	盈余公积	100 000
无形资产	120 000	利润分配	200 000
累计摊销	−36 000		
资产总计	2 877 400	负债及所有者权益总计	2 877 400

注：涤纶面料500米，单位成本20元；纯棉面料1 000米，单位成本40元；库存商品女装（165）60件，单位成本300元，女装（170）100件，单位成本400元；在产品女装（165）70件，女装（170）50件。

金利公司2016年1月发生以下经济业务：

(1) 1日，收到投资款300 000元存入银行。
(2) 2日，从银行提取现金5 000元，以备零星开支。
(3) 3日，从山东佳美公司购入涤纶面料一批。
(4) 4日，收到3日采购材料并入库。
(5) 5日，以现金购买办公用品。
(6) 6日，购入需安装机床一台。
(7) 7日，以现金支付机床安装费800元。
(8) 8日，安装完毕交付使用。
(9) 9日，向证券公司划出投资款。
(10) 9日，买入股票，准备短期持有，买价中含有已宣告发放但尚未支付的现金股利，每股1元。
(11) 10日，购入面料一批，货款未付，运输费按数量比例分配，供应商代垫运费。

（12）10 日，申报缴纳各项税费。

（13）11 日，因购买电脑向开户行申请办理银行汇票。

（14）11 日，收到 10 日采购的面料，验收入库。

（15）12 日，持银行汇票购买电脑。

（16）12 日，收到华夏公司转账支票一张，金额为 300 000 元，用以支付前欠货款，当即存入银行。

（17）13 日，开户行收到华联数码公司转回的银行汇票余额。

（18）13 日，销售一批服装，已办妥托收手续（出库单）。

（19）14 日，收到长城工业发放的现金股利，存入银行。

（20）14 日，13 日销售商品因质量问题，退回女装（165）5 件，开出红字发票。

（21）15 日，采购员王叶到上海参加展销会，借差旅费 3 000 元，开出现金支票。

（22）15 日，与万达商场签订委托代销合同，商品已发出。

（23）16 日，向民族公司销售商品。

（24）16 日，收到民族公司前欠货款 200 000 元。

（25）17 日，支付本月广告费。

（26）17 日，支付前欠佳美公司货款 200 000 元。

（27）18 日，销售涤纶面料 400 米，售价 25 元。

（28）18 日，收到被投资企业分配的现金股利 10 000 元。

（29）19 日，采购员王叶出差归来，报销差旅费。

（30）19 日，2010 年白盛商场所欠货款 20 000 元，因对方财务问题无法收回，确认为坏账损失。

（31）20 日，发放 2015 年 12 月的工资。

（32）21 日，向希望小学捐款 8 000 元，款项通过银行电汇支付。

（33）22 日，收到万达商场的代销清单和转账支票（已扣除手续费）。

（34）23 日，汇总本月领用材料。

（35）24 日，计提固定资产折旧，填制折旧计算表。（计算数字均保留整数，下同）

（36）25 日，现金支付本月水电费 2 500 元，其中车间 1 800 元，管理部门 700 元。

（37）26 日，分配职工工资。

（38）26 日，代扣保险、公积金及个人所得税，将工资表填列齐全。

（39）27 日，分配并结转制造费用，按照生产工人工资比例分配。

（40）28 日，完工产品验收入库，填制完成各单据，并编制记账凭证。

(41) 29 日，结转已销售商品成本。
(42) 30 日，结转委托代销已销售商品成本。
(43) 31 日，进行财产清查中。
(44) 月末，计提短期借款利息。
(45) 月末，根据材料出库单，结转销售材料成本。
(46) 月末，计算并结转应交增值税。
(47) 月末，计算城建税、教育费附加、地方教育费附加。
(48) 月末，按照应收账款余额百分比分法计提坏账准备。
(49) 月末，股票的公允价值为每股 5 元。
(50) 月末，摊销无形资产，按照 10 年摊销。
(51) 月末，将损益类账户转入本年利润。
(52) 月末，计算并结转本月所得税费用。
(53) 月末，将净利润转入利润分配账户。
(54) 月末，计提法定盈余公积金、公益金。
(55) 月末，结转利润分配各明细账。

五、实训要求

根据实训资料，完成以下实训任务：

(1) 建账，包括日记账、明细分类账和总分类账，登记各账户期初余额。
(2) 填制各项经济业务的原始凭证和记账凭证。（原始凭证见附录：会计岗位综合模拟实训——原始凭证，其中空白原始凭证是自制原始凭证，需填列完整）。
(3) 根据记账凭证登记现金日记账和银行存款日记账。
(4) 根据记账凭证登记明细分类账。
(5) 根据记账凭证汇总各账户本期发生额（登记 T 形账），编制科目汇总表，半月编制一次。
(6) 根据科目汇总表登记总分类账。
(7) 期末对账，编制试算平衡表。
(8) 期末结账，包括总分类账和明细分类账。
(9) 编制资产负债表和利润表。

六、实训用具

本综合实训共需记账凭证 2 本，凭证封面、封底各 1 张，总账 20 张；日记账 5 张；数量金额式明细账 5 张，多栏式明细账 2 张；试算平衡表、科目汇总表、资产负债表、利润表见教材附录。

附录

会计岗位综合模拟实训——原始凭证

业务1　　　　　　　　中国工商银行进账单（收账通知）
　　　　　　　　　　　2016 年 01 月 01 日　　　　　　　　第 10 号

付款人	全称	长江公司	收款人	全称	金利公司	此联是银行交给收款人的回单
	账号	620206020086		账号	888777666555	
	开户银行	工商银行如意支行		开户银行	工商银行大学路支行	

人民币（大写）叁拾万元整	千	百	十	万	千	百	十	元	角	分
			￥	3	0	0	0	0	0	0	0

票据种类	转账支票	收款人开户银行盖章
票据张数	1 张	工商银行大学路支行 2016.1.1 转讫
单位主管　　会计　　复核　　记账		

业务2　　　　　　　　　　中国工商银行
　　　　　　　　　　　　　现金支票存根

　　　　　　　　支票号码　3009623
　附加信息

　出票日期　　年　　月　　日
　收款人
　金　额
　用　途
　单位主管：　　　　　　　　　　会计：

业务 3-1

山东增值税专用发票
发票联
国家税务局监制

No 003568
开票日期：2016 年 01 月 03 日

购货单位	名　　称：内蒙古金利公司 纳税人识别号：1501051956112288 地　　址：呼和浩特市大学路 168 号 开户银行及账号： 　工商银行大学路支行 888777666555	密码区					
货物或应税劳务名称	规格型号	单位	数量	单价	金　额	税率（%）	税　额
涤纶面料		米	1 000	20	20 000.00	17	3 400.00
合　计					￥20 000.00		￥3 400.00
价税合计	（大写）　贰万叁仟肆佰元整					（小写）　￥23 400.00	
销货单位	名　　称：山东佳美公司 纳税人识别号：370205123456789 地　　址：青岛市海东路 23 号 开户银行及账号： 　中国银行人民路支行 999888777666	备注			山东佳美有限公司 发票专用章		

收款人：　　　　　复核：　　　　　开票人：　　　　　销货单位：（公章）

业务 3-2

中国工商银行
转账支票存根

支票号码　5009668

附加信息

出票日期　　年　　月　　日

收款人

金　额

用　途

单位主管：　　　　　　　　　　会计：

业务4　　　　　　　　　　　　收　料　单

供货单位：佳美公司　　　　　　　　　　　　　　　　　编　号：
发票号码：003568　　　　　　年　月　日　　　　　　　货物类别：面料

货物名称	规格	单位	数量		买价		运杂费	其他	合计	单位成本
			应收	实收	单价	金额				
合计										

财务联

财务主管：　　　　　　　　　　　　　验收：　　　　　　　　　　　　　制单：

业务5　　　　　　　　　呼和浩特市商业零售企业统一发票

购货单位：金利公司　　　　2016 年 01 月 05 日　　　　　　No 336588

品名	规格	单位	数量	单价	金额						
					十万	千	百	十	元	角	分
打印纸	A4	箱	5	100			5	0	0	0	0
笔、信纸、订书器				1 000.00		1	0	0	0	0	0
					现金付讫					
合计金额（大写）人民币壹仟伍佰元整					¥	1	5	0	0	0	0

第二联　发票联

单位盖章发票专用章　　　　　　收款人：　　　　　　　　　　制票人：

业务 6-1

山东增值税专用发票
发票联

No 003568
开票日期：2016 年 01 月 06 日

购货单位	名　　称：内蒙古金利公司 纳税人识别号：1501051956112288 地　　址：呼和浩特市大学路 168 号 开户银行及账号： 　工商银行大学路支行 888777666555	密码区	
货物或应税劳务名称	规格型号	单位	数量	单价	金额	税率(%)	税额
机床		台	1	100 000.00	100 000.00	17	17 000.00
合　计					¥100 000.00		¥17 000.00
价税合计	（大写）壹拾壹万柒仟元整					（小写）¥117 000.00	
销货单位	名　　称：山东新华公司 纳税人识别号：370205234567890 地　　址：青岛市海东路 58 号 开户银行及账号： 　工商银行海东路支行 6222020602000876546	备注	（山东新华有限公司 发票专用章）

收款人：　　　复核：　　　开票人：　　　销货单位：（公章）

业务 6-2

中国工商银行
转账支票存根

支票号码　5009669

附加信息

出票日期　　年　月　日

收款人

金　额

用　途

单位主管：　　　　　　　会计：

业务 7　　　　　　　　呼和浩特市企业销售统一发票

购货单位：金利公司　　　　2016 年 01 月 07 日　　　　No 7898656

产品或劳务名称	规格	单位	数量	单价	金额 十万千百十元角分
安装费		工时	10	80.00	8 0 0 0 0
					现金付讫
		合计金额（大写）人民币捌佰元整			￥ 8 0 0 0 0

（联合安装有限公司 发票专用章）

第二联 报销凭证

单位盖章：　　　　　　收款人：　　　　　　制票人：

业务 8　　　　　　　　固定资产验收交付使用交接单

固定资产类别：　　　　　　　　　　　　　　　　　编号：130601

名称		规格型号		生产单位		取得来源	
原值		其中安装费		数量		预计残值率	5%
生产日期		验收日期		投入日期			3 年
已使用年限		尚可使用年限		已提折旧		已提减值	
验收意见		符合规定质量标准，验收合格。						
移交部门		负责人			移交人		
接管部门		负责人			接管人		

业务9　　　　　　　中国工商银行付款申请书（付款通知）

2016 年 01 月 09 日　　　　　　　　第 10 号

付款人	全称	金利公司	收款人	全称	恒大证券公司
	账号	888777666555		账号	206020076789
	开户银行	工商银行大学路支行		开户银行	工商银行如意支行

人民币（大写）贰拾万元整	千	百	十	万	千	百	十	元	角	分
			¥	2	0	0	0	0	0	0

票据种类	转账支票	收款人开户银行盖章
票据张数	1 张	工商银行如意支行 2016.01.09 转讫

单位主管　　　会计　　　复核　　　记账

此联是银行交给付款人的回单

业务10　　　　　　　　恒大证券营业所

2016 年 01 月 09 日	成交过户交割凭单	买
股东代码：12345 股东账号：123678 资金账号：3579 股东姓名：内蒙古金利服装有限责任公司	证券名称：长城工业　代码：987654 成交数量：30 000 成交价格：5.00 成交金额：150 000.00	
申请时间： 成交时间： 资金前余额：200 000.00 资金余额：49 700.00 证券前余额：0 股 本次余额：30 000 股	标准佣金：200 过户费： 印花税：100 附加费用： 其他费用： 实际收付金额：150 300.00	

业务 11-1

山东增值税专用发票
发票联
国家税务局监制

No 002648
开票日期：2016 年 01 月 10 日

购货单位	名　　称：内蒙古金利公司 纳税人识别号：1501051956112288 地　　址：呼和浩特市大学路 168 号 开户银行及账号： 　工商银行大学路支行 888777666555	密码区	
货物或应税劳务名称	规格型号	单位	数量	单价	金　额	税率(%)	税　额
涤纶面料		米	500	20	10 000.00	17	1 700.00
纯棉面料		米	1 000	40	40 000.00	17	6 800.00
合　计					￥50 000.00		￥8 500.00
价税合计	（大写）伍万捌仟伍百元整					（小写）￥58 500.00	
销货单位	名　　称：山东天丽公司 纳税人识别号：370205456789123 地　　址：青岛市海东路 66 号 开户银行及账号： 　中国建设银行中山路支行 888999777666	备注	山东天丽有限公司 发票专用章

收款人：　　　复核：　　　开票人：　　　销货单位：（公章）

第二联 发票联 购货方记账凭证

业务 11-2

货物运输业增值税专用发票
发票联
国家税务局监制

No 0016558
开票日期：2016 年 01 月 10 日

承运人及纳税人识别号	呼和浩特市第一运输公司 150105114166666	密码	
收货人及纳税人识别号	内蒙古金利公司 1501051956112288	发货人及纳税人识别号	山东天丽公司 370205456789123
起运地、经由、到达地			
费用项目及金额	费用项目　　金额 运费　　1 500.00	运输货物信息	面料
合计	￥1 500.00	税率	11%	税额	￥165.00	机器编号	
价税合计（大写）	壹仟陆佰陆拾伍元整		（小写）￥1 665.00
主管税务机关及代码		备注	呼和浩特市第一运输公司 发票专用章

收款人：　　　复核：　　　开票人：　　　销货单位：（公章）

第二联：发票联 购货方记账凭证

业务 11-3　　　　　　　　　运杂费分配表

2016 年 01 月 10 日

材料名称	材料数量/米	分配率	分配金额/元
合计			

制表：　　　　　　　会计：　　　　　　　复核：　　　　　　　主管：

业务 12-1　　　　　　　　　中国工商银行
　　　　　　　　　　　　电子缴税付款凭证

入库日期：2016 年 01 月 10 日　　　　　　　　　　　　凭证号码：

纳税人名称：内蒙古金利公司	征收机关名称：呼和浩特国税局征收科
付款人账号：888777666555	收款国库银行名称：国家金库呼和浩特分库
付款人开户银行：工商银行大学路支行	缴款书交易流水号：
小写（合计）金额　￥51 000.00	
大写（合计）金额　伍万壹仟元整	
税（费）种名称　　　所属时期　　　　　　　　　实缴金额　　　　　　　　　增值税　　　　　20151201 - 20151231　　　　￥51 000.00　　备注：第一次打印　　　　　　　　　　　　　打印日期：2016 年 01 月 10 日	

业务 12 – 2　　　　　　　　　中国工商银行
　　　　　　　　　　　　　　电子缴税付款凭证

入库日期：2016 年 01 月 10 日　　　　　　　　　　　　凭证号码：

纳税人名称：内蒙古金利公司	征收机关名称：呼和浩特地税局征收科
付款人账号：888777666555	收款国库银行名称：国家金库呼和浩特分库
付款人开户银行：工商银行大学路支行	缴款书交易流水号：
小写（合计）金额　￥6 120.00	
大写（合计）金额　陆仟壹佰贰拾元整	
税（费）种名称　　　　所属时期　　　　　　　　实缴金额 城市维护建设税　　　20151201 – 20151231　　　￥3 570.00 教育费附加　　　　　20151201 – 20151231　　　￥1 530.00 地方教育费附加　　　20151201 – 20151231　　　￥1 020.00	
备注：　第一次打印　　　　　　　　　　打印日期：2016 年 01 月 10 日	

业务 12 – 3　　　　　　　　　中国工商银行
　　　　　　　　　　　　　　电子缴税付款凭证

入库日期：2016 年 01 月 10 日　　　　　　　　　　　　凭证号码：

纳税人名称：内蒙古金利公司	征收机关名称：呼和浩特地税局征收科
付款人账号：888777666555	收款国库银行名称：国家金库呼和浩特分库
付款人开户银行：工商银行大学路支行	缴款书交易流水号：
小写（合计）金额　￥25 000.00	
大写（合计）金额　贰万伍仟元整	
税（费）种名称　　　　所属时期　　　　　　　　实缴金额 企业所得税　　　　　20151201 – 20151231　　　￥25 000.00 第一次打印　　　　　　　　　　　打印日期：2016 年 01 月 10 日	

业务 12-4　　　　　　　　　中国工商银行
　　　　　　　　　　　　电子缴税付款凭证

入库日期：2016 年 01 月 10 日　　　　　　　　　凭证号码：

纳税人名称：内蒙古金利公司	征收机关名称：呼和浩特地税局征收科
付款人账号：888777666555	收款国库银行名称：国家金库呼和浩特分库
付款人开户银行：工商银行大学路支行	缴款书交易流水号：
小写（合计）金额　￥1 200.00	
大写（合计）金额　壹仟贰佰元整	
税（费）种名称　　　所属时期　　　　　　　实缴金额 个人所得税　　　　20151201-20151231　　　￥1 200.00 第一次打印　　　　　　　　　　　　　打印日期：2016 年 01 月 10 日	

业务 13　　　中国工商银行　银行汇票申请书（存根）
　　　　　　申请日期：2016 年 01 月 11 日　　　　　　No 100892

申请人	内蒙古金利服装有限公司	收款人	内蒙古华联数码有限公司
住址或账号	工商银行大学路支行 888777666555	住址或账号	工商银行乌兰支行 206020078901234
用途	购买笔记本电脑	代理付款行	

上列款项从我公司账户内支付
申请人签章（略）

千	百	十	万	千	百	拾	十	万	千
			￥1	2	0	0	0	0	0

附录 会计岗位综合模拟实训——原始凭证 | 165

业务 14   收料单

供货单位：天丽公司   编　　号：
发票号码：003568   2016 年 01 月 11 日   货物类别：面料

货物名称	规格	单位	数量 应收	数量 实收	买价 单价	买价 金额	运杂费	其他	合计	单位成本
合计										

财务主管：　　　　　　　　　验收：　　　　　　　　　制单：

业务 15－1   内蒙古增值税专用发票

发 票 联   No 006568
                                             开票日期：2016 年 01 月 12 日

购货单位	名　　称：内蒙古金利公司 纳税人识别号：1501051956112288 地　　址：呼和浩特市大学路 168 号 开户银行及账号： 工商银行大学路支行 888777666555	密码区

货物或应税劳务名称	规格型号	单位	数量	单价	金　额	税率(%)	税　额
笔记本电脑	酷睿I5	台	2	5 000.00	10 000.00	17%	1 700.00
合　计					￥10 000.00		￥11 700.00

价税合计	（大写）壹万壹仟柒佰元整　　　　　　　　　　（小写）￥11 700.00

销货单位	名　　称：内蒙古华联数码有限公司 纳税人识别号：370205234567890 地　　址：呼和浩特市海东路 58 号 开户银行及账号： 工商银行乌兰支行 602007890123	备注

第二联 发票联 购货方记账凭证

收款人：　　　　　复核：　　　　　开票人：　　　　　销货单位：（公章）

附录　会计岗位综合模拟实训——原始凭证

业务 15－2　　　　　固定资产验收交付使用交接单

固定资产类别：　　　　　　　　　　　　　　　　　　　　编号：130601

名称		规格型号		生产单位		取得来源	
原值		其中安装费		数量		预计残值率	1%
生产日期		验收日期		投入日期		预计使用年限	3 年
已使用年限		尚可使用年限		已提折旧		已提减值	
验收意见	符合规定质量标准，验收合格。							
移交部门		负责人			移交人		
接管部门		负责人			接管人		

业务 16　　　　　　　中国工商银行进账单（收账通知）

2016 年 01 月 12 日　　　　　　　　　　　第 10 号

付款人	全称	华夏公司	收款人	全称	金利公司										此联是银行交给付款人的回单
	账号	666666555555		账号	888777666555										
	开户银行	工商银行光华路支行		开户银行	工商银行大学路支行										
人民币（大写）叁拾万元整						千	百	十	万	千	百	十	元	角	分	
								¥	3	0	0	0	0	0	0	
票据种类	转账支票					收款人开户银行盖章 2016.01.12 转讫									
票据张数	1 张															
单位主管　　　会计　　　复核　　　记账															

业务 17　　　　　　　　中国工商银行进账单（收账通知）

2016 年 01 月 13 日　　　　　　　第 16 号

付款人	全称	内蒙古华联数码有限公司	收款人	全称	金利公司
	账号	602007890123		账号	888777666555
	开户银行	工商银行乌兰支行		开户银行	工商银行大学路支行

人民币（大写）叁佰元整	千	百	十	万	千	百	十	元	角	分
					¥	3	0	0	0	0

票据种类	转账	收款人开户银行盖章
票据张数	1 张	（工商银行大学路支行 2016.01.13 转讫）
单位主管	会计　　复核　　记账	

此联是银行交给付款人的回单

业务 18 - 1　　　　　　　内蒙古增值税专用发票

发　票　联　　　　　　　　No 0026688

（国家税务局监制）　　　开票日期：2016 年 01 月 13 日

购货单位	名　　称：华夏公司 纳税人识别号：150102234567890 地　　址：呼和浩特海东路 88 号 开户银行及账号： 工商银行光华路支行 666666555555	密码区	

货物或应税劳务名称	规格型号	单位	数量	单价	金　额	税率（%）	税　额
女装	165	件	60	600.00	36 000.00	17	6 120.00
女装	170	件	60	800.00	48 000.00	17	8 160.00
合　计					¥84 000.00		¥14 280.00

价税合计	（大写）玖万捌仟贰佰捌拾元整　　　　　（小写）¥98 280.00

销货单位	名　　称：内蒙古金利公司 纳税人识别号：1501051956112288 地　　址：呼和浩特市海东路 168 号 开户银行及账号： 工商银行大学路支行　888777666555	备注	（内蒙古金利服装有限公司 发票专用章）

收款人：　　　　复核：　　　　开票人：　　　　销货单位：（公章）

第四联　记账联　销货方记账凭证

业务 18-2　　中国工商银行托收承付结算凭证（回单）

委托日期：2016 年 01 月 13 日

承付期限：20 天

到期 2016 年 02 月 02 日

付款人	全称	华夏公司	收款人	全称	金利公司
	账号	666666555555		账号	888777666555
	开户银行	工商银行光华路支行		开户银行	工商银行大学路支行

委托收款金额	人民币（大写）玖万捌仟贰佰捌拾元整	百十万千百十元角分
		0 ¥ 9 8 2 8 0 0 0

附寄单据	4	商品发运情况	自提	合同号码 转讫 32564

备注	款项收托日期　　年　月　日	开户银行盖章 2016 年 01 月 13 日

此联是银行给收款人的回单

业务 19　　中国工商银行进账单（收账通知）

2016 年 01 月 14 日　　　　第 16 号

付款人	全称	长城工业股份有限公司	收款人	全称	金利公司
	账号	62220206026678965321		账号	888777666555
	开户银行	工商银行乌兰支行		开户银行	工商银行大学路支行

人民币（大写）叁佰元整	千百十万千百十元角分
	¥ 3 0 0 0 0

票据种类	转账	收款人开户银行盖章 2016.01.14 转讫
票据张数	1 张	
单位主管	会计　　复核　　记账	

此联是银行交给付款人的回单

业务 20　　　　　　　　开具红字增值税专用发票通知单

开票日期：2016 年 01 月 14 日　　　　　　　　　　No　001666

销货单位	名称：内蒙古金利公司 纳税人识别号：1501051956112288 地　址：呼和浩特市大学路 168 号 开户银行及账号： 工商银行大学路支行 888777666555	购货单位	名称：华夏公司 纳税人识别号：150102234567890 地　址：呼和浩特海东路 88 号 开户银行及账号： 工商银行光华路支行　666666555555

开具红字发票内容	货物或应税劳务名称	单位	数量	单价	金额	税率(%)	税额
	女装 165	件	5	600.00	3 000.00	17	510.00

价税合计（大写）　叁仟伍佰壹拾元整　　　　　　　　　　（小写）￥3 510.00

说明	需要作进项税转出 不需要作进项税转出 纳税人识别认证不符　　　对应蓝字发票密码区内打印的代码号 0026688

经办人：　　　　　　负责人：　　　　　　主管税务机关（印章）

业务 21 - 1　　　　　　　　　借　款　单

2016 年 01 月 15 日

借款人	王叶	部门	采购	职务	采购员
借款事由	参加展销会				
借款金额	人民币（大写）叁仟元整				￥3 000.00
出纳			经手	××	

业务 21-2　　　　　　　　　　中国工商银行
　　　　　　　　　　　　　　　现金支票存根

支票号码　3009624

附加信息

出票日期　年　月　日

收款人

金　额

用　途

单位主管：　　　　　　　　　　　　　　会计：

业务 22-1　　　　　　　　　金利公司产品出库单

收货单位：万达商场（委托代销）　　2016 年 01 月 15 日　　　　　单位：元

产品名称	规格	计量单位	数量	单位成本	金额
女装	170	件	40	400.00	16 000.00
合计					￥16 000.00

主管：　　　　　　　　审核：　　　　　　　　制单人：

业务 22-2

委托代销合同　　　　合同编号：WT0001

委托方：内蒙古金利服装有限公司　　受托方：呼和浩特市万达商场

为保护委托方和受托方的合法权益，委托方和受托方根据《中华人民共和国合同法》的有关规定，经友好协商，一致同意签订本合同，共同遵守。

一、货物的名称、数量及金额

货物的名称	规格型号	计量单位	数量	单价（不含税）	金额（不含税）	税率	价税合计
女装	170	件	40	800.00	32 000.00	17%	37 440

二、委托代销方式

采用支付手续费的方式由委托方代销货物，即受托方将代销的货物销售后，委托方按合同中双方约定的价格收取代销货物的货款，代销货物的实际售价由委托方制定，受托方按实际售价（不含税）的10%向委托方收取手续费。

三、合同总金额

人民币叁万柒仟肆佰肆拾元整（¥37 440.00）

四、付款时间及付款方式

根据代销货物销售情况，每月底结算一次货款。付款方式：转账支票。

五、交货时间与交货地点

交货时间为签订合同当日；交货地点为呼和浩特万达商场。

六、发运方式与运输员承担方式

由受托方提货，运输费用由受托方承担。

委托方：内蒙古金利服装有限公司授权代表，刘奇峰

日期：2016年01月15日　受托方：呼和浩特市万达商场　授权代表：李强

业务 23－1

内蒙古增值税专用发票

发 票 联　　国家税务局监制

No 0026688

开票日期：2016 年 01 月 16 日

购货单位	名　　称：民族公司 纳税人识别号：150105197510081111 地　　址：呼和浩特市中山路 188 号 开户银行及账号： 中国银行中山路支行　999999888888	密码区			

货物或应税劳务名称	规格型号	单位	数量	单价	金额	税率（%）	税额
女装	160	件	50	500.00	25 000.00	17%	4 250.00
女装	165	件	100	600.00	60 000.00	17%	10 200.00
女装	170	件	50	800.00	40 000.00	17%	6 800.00
合　计			200		￥125 000.00		￥21 250.00

价税合计　（大写）壹拾肆万陆仟贰佰伍拾元整　　　　（小写）￥146 250.00

销货单位	名　　称：内蒙古金利公司 纳税人识别号：1501051956112288 地　　址：呼和浩特市海东路 168 号 开户银行及账号： 工商银行大学路支行　888777666555	备注	内蒙古金利服装有限公司 发票专用章

收款人：　　　　　复核：　　　　　开票人：　　　　　（公章）

第四联　记账联　销货方记账凭证

业务 23－2　　　　金利公司产品销售单

收货单位：民族公司　　2016 年 01 月 16 日　　　　　　　　单位：元

产品名称	规格	计量单位	数量	单价（含税）	金额
女装	160	件	50	585.00	29 250.00
女装	165	件	100	702.00	70 200.00
女装	170	件	50	936.00	46 800.00
合计			200		￥146 250.00

主管：　　　　　审核：　　　　　制单人：

业务 23-3　　　中国工商银行托收承付结算凭证（回单）

委托日期：2016 年 01 月 16 日

承付期限：20 天

到期 2016 年 02 月 05 日

付款人	全称	民族公司	收款人	全称	金利公司
	账号	999999888888		账号	888777666555
	开户银行	工商银行中山路支行		开户银行	工商银行大学路支行

委托收款金额	人民币（大写）壹拾肆万陆仟贰佰伍拾元整	百 十 万 千 百 十 元 角 分
		￥ 1 4 6 2 5 0 0 0

附寄单据	4	商品发运情况	自提	合同号码	32564

备注	款项收托日期　　年　　月　　日	开户银行盖章 2016 年 01 月 16 日

此联是银行给收款人的回单

业务 24　　　中国工商银行进账单（收账通知）

2016 年 01 月 16 日　　　　　　　　第 10 号

付款人	全称	民族公司	收款人	全称	金利公司
	账号	999999888888		账号	888777666555
	开户银行	中国银行中山路支行		开户银行	工商银行大学路支行

人民币（大写）贰拾万元整	千 百 十 万 千 百 十 元 角 分
	￥ 2 0 0 0 0 0 0 0

票据种类	转账支票	收款人开户银行盖章 2016.01.16
票据张数	1 张	
单位主管　　会计　　复核　　记账		

此联是银行交给付款人的回单

业务 25－1　　　　　　　呼和浩特市广告业专用发票
客户名称：金利公司　　　2016 年 01 月 17 日　　　　　　　　No　2365478

项目	单位	数量	单价	金额							
				仟	佰	万	千	百	十	元	角	分
产品广告	次	10	500			5	0	0	0	0	0
合计金额（大写）零拾伍仟伍佰零拾零元零角零分	￥		5	0	0	0	0	0

单位盖章：　　　　　　　　收款人：　　　　制票人：

业务 25－2　　　　　　　　中国工商银行
　　　　　　　　　　　　　转账支票存根

支票号码　50096666

附加信息

出票日期　年　月　日

收款人

金　额

用　途

单位主管：　　　　　　　　　　　　会计：

业务 26　　中国工商银行电汇凭证（回单）

2016 年 01 月 17 日

付款人	全称	金利公司		收款人	全称	金利公司	
	账号	888777666555			账号	888777666555	
	汇出地点	呼和浩特市	汇出行名称	工商银行大学路支行	汇出地点	呼和浩特市	汇出行名称	中国银行人民路支行

汇入金额	人民币（大写）贰拾万元整	千 百 十 万 千 百 十 元 角 分
		￥ 2 0 0 0 0 0 0 0

| 汇款用途 | 前欠货款 | 收款人开户银行盖章　2016 年 01 月 17 日　转讫 |

此联是银行交给付款人的回单

业务 27-1　　内蒙古增值税专用发票

发票联　　国家税务局监制

No 0026688
开票日期：2016 年 01 月 18 日

购货单位	名　称：仕奇公司 纳税人识别号：150203123456789 地　址：呼和浩特海东路 20 号 开户银行及账号： 中国银行海东路支行　206021698000	密码区	

货物或应税劳务名称	规格型号	单位	数量	单价	金额	税率（%）	税额
涤纶		米	400	25.00	10 000.00	17	1 700.00
合　计			400		￥10 000.00		￥1 700.00

| 价税合计 | （大写）壹万壹仟柒佰元整 | （小写）￥11 700.00 |

| 销货单位 | 名　称：内蒙古金利公司
纳税人识别号：15010519561122 88
地　址：呼和浩特市大学路 168 号
开户银行及账号：
工商银行大学路支行　888777666555 | 备注 | 内蒙古金利服装有限公司 发票专用章 |

收款人：　　　复核：　　　开票人：　　　销货单位：（公章）

第四联　记账联　销货方记账凭证

业务 27-2　　　　　　　　　　　销售单

收货单位：民族公司　　　　2016 年 01 月 18 日　　　　　　　　　　　单位：元

产品名称	规格	计量单位	数量	单价（含税）	金额
涤纶面料		米	400	29.25	11 700.00
合计			400	29.25	￥11 700.00

主管：　　　　　　　　审核：　　　　　　　　制单人：

业务 27-3　　　中国工商银行托收承付结算凭证（回单）

委托日期：2016 年 01 月 18 日

承付期限：15 天

到期 2016 年 02 月 02 日

付款人	全称	仕奇公司	收款人	全称	金利公司
	账号	206021698000		账号	888777666555
	开户银行	工商银行海东路支行		开户银行	工商银行大学路支行

委托收款金额：人民币（大写）壹万壹仟柒佰元整　　百十万千百十元角分　￥1 1 7 0 0 0 0

附寄单据　4　　商品发运情况　自提　　合同号码　32564

备注　款项收托日期　　年　月　日　　开户银行盖章　2016 年 01 月 18 日

此联是银行给收款人的回单

业务 28　　　　　　　　中国工商银行进账单（收账通知）

2016 年 01 月 18 日　　　　　　　　　　　第 10 号

付款人	全称	仕奇公司	收款人	全称	金利公司
	账号	206021698000		账号	888777666555
	开户银行	中国银行海东路支行		开户银行	工商银行大学路支行

人民币（大写）壹万元整	千	百	十	万	千	百	十	元	角	分
			¥	1	0	0	0	0	0	0

票据种类	转账支票	收款人开户银行盖章
票据张数	1 张	现金股利　　2016.01.18　转讫

单位主管　　　会计　　　复核　　　记账

此联是银行交给收款人的回单

业务 29　　　　　　　　　　　差旅费报销单

部门：采购部　　　　　　　　姓名：王叶　　　报销日期：2016 年 01 月 19 日

公出事由：去上海参加商品展销会				车船机票费	2 000.00	报销金额（大写）贰仟捌佰元整
起止日期		地　　　点		住宿费	450.00	
月 日	至 月 日	自	至	伙食补助费	200.00	
01 月 20 日	01 月 23 日	呼和浩特	上海	市内交通费	150.00	
				卧铺补助费		
				其他		
说明事项：				合计	2 800.00	
				原借：3 000.00 退：200.00		

单位负责人：　　　　部门负责人：　　　　审核：　　　　出纳：

业务 30

坏账损失确认通知

因百盛商场经营出现问题，2012 年销售给该公司货款贰万元（￥20 000.00）已无法收回，经报总经理批准该笔应收账款确认为坏账，予以注销。

单位负责人：王志 2016 年 01 月 19 日
财务负责人：李青 2016 年 01 月 19 日

业务 31

中国工商银行
现金支票存根

支票号码 3009624

附加信息

出票日期　年　月　日

收款人

金　额

用　途

单位主管：　　　　　　　　　会计：

业务 32　　　　　中国工商银行电汇凭证（回单）

2016 年 01 月 21 日

付款人	全称	内蒙古金利服装公司			收款人	全称	希望小学		
	账号	888777666555				账号	206036806654321		
	汇出地点	呼和浩特市	汇出行名称	工商银行大学路支行		汇出地点	呼和浩特市	汇出行名称	工商银行丰州路支行
汇入金额	人民币（大写）捌仟元整					千百十万千百十元角分 ¥　　　　8 0 0 0 0 0			
汇款用途	捐款				汇出银行盖章 工商银行丰州路支行 2016 年 01 月 21 日 转讫				

此联是银行交给付款人的回单

业务 33-1　　　　　呼和浩特市服务业统一发票

No 2365478

客户名称：内蒙古金利服装有限公司　　　2016 年 01 月 22 日

项目	摘要	单位	数量	单价	金额 仟佰十万千百十元角分
	委托代销手续费				¥　 1 6 0 0 0 0
合计金额（大写）壹仟陆佰元整					¥　 1 6 0 0 0 0

企业（盖章有效）：　　　　　　　财务（略）　　　　开票（略）

第二联：发票联

业务 33-2　　　　　　　　　**内蒙古增值税专用发票**

发　票　联　　　　　　　　No 002668

开票日期：2016 年 01 月 22 日

购货单位	名　　称：呼和浩特市万达商场 纳税人识别号：150203123456789 地　　址：呼和浩特海东路 30 号 开户银行及账号： 　　工商银行海东路支行　2060002099878	密码区			
货物或应税劳务名称	规格型号	单位	数量	单价	金　额	税率(%)	税　额
女装	170	件	20	800.00	16 000.00	17	2 720.00
合　计			20		¥16 000.00		¥2 720.00
价税合计	（大写）壹万捌仟柒佰贰拾元整　　　　　　　　（小写）¥18 720.00							
销货单位	名　　称：内蒙古金利公司 纳税人识别号：1501051956112288 地　　址：呼和浩特市大学路 168 号 开户银行及账号： 　　工商银行大学路支行　888777666555	备注			

收款人：　　　　　复核：　　　　　开票人：　　　　　销货单位：（公章）

业务 33-3　　　　　　　　　**商品代销清单**

2016 年 01 月 22 日　　　　　　　　　　　　　　　　　　　　　No：000013

委托方	内蒙古金利服装有限公司	受托方	呼和浩特市万达商场
账号	888777666555	账号	2060002099878
开户银行	工商银行大学路支行	开户银行	工商银行海东路支行

代销货物	代销货物名称	规格	单位	数量	单价	金额	税率	税额
	女装	170	件	40	800.00	32 000.00	17%	5 440.00
	价税合计	（大写）叁万柒仟肆佰肆拾元整　　　　　　　（小写）37 440.00						

代销方式	按售价（不含税）的 10% 支付手续费
代销款结算时间	根据代销货物销售情况于每月底结算一次货款
代销款结算方式	转账支票

本月代销货物销售情况	名称	规格	单位	数量	单价	金额	税率	税额
	女装	170	件	20	800.00	16 000.00	17%	2 720.00
	价税合计	（大写）壹万捌仟柒佰贰拾元整　　　　　　　（小写）¥18 720.00						
本月代销款结算金额	（大写）壹万捌仟柒佰贰拾元整　　　　　　　（小写）¥18 720.00						

业务 33-4　　　　中国工商银行进账单（收账通知）

2016 年 01 月 22 日　　　　　　　　　　第 18 号

付款人	全称	呼和浩特市万达商场	收款人	全称	金利公司
	账号	2060002099878		账号	888777666555
	开户银行	工商银行海东路支行		开户银行	工商银行大学路支行

人民币（大写）壹万柒仟壹佰贰拾元整	千	百	十	万	千	百	十	元	角	分
			¥	1	7	1	2	0	0	0

票据种类	转账支票	收款人开户银行盖章
票据张数	1 张	工商银行大学路支行 2016.01.22 转讫

单位主管　　会计　　复核　　记账

此联是银行交给收款人的回单

业务 34　　　　　　领料凭证汇总表

2016 年 01 月 23 日　　　　　　　　　　单位：元

用途		原材料						辅助材料	合计
		涤纶面料			纯棉面料				
		数量	单价	金额	数量	单价	金额		
生产成本	160	200	20.00	4 000.00	200	40.00	8 000.00	500.00	12 500.00
	165	300	20.00	6 000.00	300	40.00	12 000.00	800.00	18 800.00
	170	500	20.00	10 000.00	500	40.00	20 000.00	1 000.00	31 000.00
制造费用								600.00	600.00
管理费用								500.00	500.00
合计		1 000	20.00	20 000.00	1 000	40.00	40 000.00	3 400.00	63 400.00

业务35   **固定资产折旧计算表**
                         2016 年 01 月 24 日

部门	原值/元	投入使用日期	预计使用年限/年	预计净残值率/%	已提折旧/元	当月折旧/元	净值
管理	800 000	2012.12	10	5			
车间	1 200 000	2012.12	10	5			
合计	2 000 000						

主管：   审核：   制单：

业务36-1   **内蒙古国家税务局银行代收费业务发票**
                         发 票 联   发票代码：
                                                  发票号码：

付款单位：内蒙古金利公司   开票日期：2016 年 01 月 25 日

委托单位	呼和浩特市电力公司	代收单位	工行
收费项目 电费	数量 3 000 度	单价 0.50	金额（元） 1 500.00
合计人民币（大写）壹仟伍佰元整			（小写）¥1 500.00

代收费单位（盖章）：   复核人：   收款人：

业务36-2　　　　　　　**内蒙古国家税务局银行税收费业务发票**

　　　　　　　　　　　　　　发　票　联　　　　　　　　　发票代码：
　　　　　　　　　　　　　　　　　　　　　　　　　　　　　发票号码：

付款单位：内蒙古金利公司　　　　　　　　　　　开票日期：2016年01月25日

委托单位		代收单位	工行
收费项目 水费	数量 500 吨	单价 2.00	金额（元） 1 000.00
合计人民币（大写）壹仟元整			（小写）￥1 000.00
代收费单位（盖章）：	复核人：		收款人：

业务37　　　　　　　　　　**工资费用汇总分配表**

　　　　　　　　　　　　　　2016年01月26日　　　　　　　　　　　　单位：元

部门		应分配金额
生产人员工资	女装160 产品工人	20 000.00
	女装165 产品工人	30 000.00
	女装170 产品工人	40 000.00
	生产人员工资合计	90 000.00
车间管理人员		6 100.00
行政管理人员		48 900.00
专设销售机构人员		5 000.00
合计		150 000.00

业务 38

工资计算明细表
2016 年 01 月 26 日

单位:元

序号	姓名	岗位工资	薪级工资	应发合计	住房公积金(12%)	养老保险(8%)	医疗保险(2%)	失业保险(0.2%)	个人所得税	扣款合计	实发合计
1	王志	5 000.00	3 000.00	8 000.00	960.00	640.00	160.00	16.00	167.40	1 943.4	6 056.60
2	李菁	4 000.00	3 000.00	7 000.00	840.00	560.00	140.00	14.00	86.60	1 643.6	5 356.40
3	李娜	3 500.00	2 500.00	6 000.00	720.00	480.00	120.00	12.00	35.04	1 367.04	4 632.96
4	陈利	3 500.00	2 300.00	5 800.00							
5	李新	3 000.00	2 000.00	5 000.00							
6	王林	3 800.00	2 500.00	6 300.00							
7	王叶	3 200.00	2 500.00	5 700.00							
8	李杰	3 500.00	2 000.00	5 500.00							
9	李辉	2 800.00	2 000.00	4 800.00							
10	赵亮	2 500.00	2 000.00	4 500.00							
	……										
	合计			150 000.00	18 000.00	12 000.00	3 000.00	300.00	1 200.00	34 500.00	115 500.00

业务39　　　　　　　　　　　制造费用分配表

2016年01月27日　　　　　　　　　　　　　　　　单位：元

分配对象	分配标准 （生产工人工资）	分配率	分配金额
合计			

主管　　　　　　　　　　审核　　　　　制表：刘义

业务40-1　　　　　　　　　　　产品成本计算单

产品：女装160　　　　　2016年01月28日　　　　　　　　单位：元

成本项目	直接材料	直接人工	制造费用	合计
月初在产品成本	0	0	0	0
本月生产费用				
合计				
完工产品成本				
月末在产品成本	4 500.00	5 300.00	1 500.00	11 300.00
月初在产品　0	本月投产　140件	完工产品　90件	月末在产品　50	

业务 40-2　　　　　　　　　　　**产品成本计算单**

产品：女装165　　　　　　2016年01月28日　　　　　　　　　　单位：元

成本项目	直接材料	直接人工	制造费用	合计
月初在产品成本	4 200.00	12 000.00	3 800.00	20 000.00
本月生产费用				
合计				
完工产品成本				
月末在产品成本	6 000.00	7 000.00	1 800.00	14 800.00

月初在产品	70 件	本月投产	190 件	完工产品	200 件	月末在产品	60 件

业务 40-3　　　　　　　　　　　**产品成本计算单**

产品：女装170　　　　　　2016年01月28日　　　　　　　　　　单位：元

成本项目	直接材料	直接人工	制造费用	合计
月初在产品成本	6 200.00	8 600.00	3 200.00	18 000.00
本月生产费用				
合计				
完工产品成本				
月末在产品成本	22 200.00	28 600.00	6 200.00	57 000.00

月初在产品	50 件	本月投产	220 件	完工产品	100 件	月末在产品	170 件

业务 40-4　　　　　　　　完工产品成本计算单
2016 年 01 月 28 日　　　　　　　　　　　　　　单位：元

成本项目	女装160（90件）		女装165（200件）		女装170（100件）	
	总成本	单位成本	总成本	单位成本	总成本	单位成本
直接材料						
直接人工						
制造费用						
合计						

主管：　　　　　　　　　　审核：　　　　　　　　　　制表人：

业务 41-1　　　　　　　　金利公司产品出库单
收货单位：华夏公司　　　2016 年 01 月 13 日　　　　　　单位：元

产品名称	计量单位	数量	单位成本	金额
女装165	件	60		
女装170	件	60		
合计				

主管：　　　　　　　　　　审核：　　　　　　　　　　制单人：

业务 41-2　　　　　　　商品退货（入库）验收报告单

发票号：0026688　　　　　　　　　　　　　　　　　制单日期：2016 年 01 月 14 日

退货单位：华夏公司	运输工具：汽车	车（船）号：蒙 A1266
退货数量：5 件	实收数量：5 件	
质检情况：有 5 件 165 女装质量存在不同程度残次　　　　　　　　负责人：　　　经办人：		
公司：内蒙古金利服装有限公司　处理意见：退货并冲销应付款　　　　　　　　　　　　　　　　　　　　　　　　　　负责人：　　　经办人：		

验收：　　　　　　　　　审核：　　　　　　　　　制单：

业务 41-3　　　　　　　金利公司产品出库单

收货单位：民族公司　　　　2016 年 01 月 16 日　　　　　　　　　　单位：元

产品名称	计量单位	数量	单位成本	金额
女装 160				
女装 165				
女装 170				
合计				

主管：　　　　　　　　　审核：　　　　　　　　　制单人：

业务 42　　　　　　　　　　　　商品代销清单

2016 年 01 月 22 日　　　　　　　　　　　　　　　　　　　　No：000013

委托方	内蒙古金利服装有限公司	受托方	呼和浩特市万达商场
账号	888777666555	账号	2060002099878
开户银行	工商银行大学路支行	开户银行	工商银行海东路支行

代销货物	代销货物名称	规格	单位	数量	单价	金额	税率	税额
	女装	170	件	40	800.00	32 000.00	17%	5 440.00
	价税合计	（大写）叁万柒仟肆佰肆拾元整					（小写）37 440.00	

代销方式	按售价（不含税）的10%支付手续费
代销款结算时间	根据代销货物销售情况于每月底结算一次货款
代销款结算方式	转账支票

本月代销货物销售情况	名称	规格	单位	数量	单价	金额	税率	税额
	女装	170	件	20	800.00	16 000.00	17%	2 720.00
	价税合计	（大写）壹万捌仟柒佰贰拾元整					（小写）¥18 720.00	
本月代销款结算金额	（大写）壹万捌仟柒佰贰拾元整						（小写）¥18 720.00	

业务 43 - 1　　　　　　　　　　　实存账存对比表

2016 年 01 月 31 日　　　　　　　　　　　　　　　　　　　　单位：元

财产名称	单位	单价	数量		盘盈		盘亏		原因
			账面数量	实存数量	数量	金额	数量	金额	
涤纶面料	米	20	600	580			20	400	待查
合计			600	580			20	400	

主管：　　　　　保管使用：　　　　　制单：　　　　　审批：

业务 43-2   **财产清查报告单**

2016 年 01 月 31 日   单位：元

财产名称	单位	单价	数量		盘盈		盘亏		原因
			账面数量	实存数量	数量	金额	数量	金额	
涤纶面料	米	20	600	580			20	400	计量差错
合计			600	580			20	400	
处理意见		审批部门			清查小组		使用保管部门		
		管理费用							

主管：　　　　保管使用：　　　　制单：　　　　审批：

业务 43-3   **库存现金盘点报告单**

2016 年 01 月 31 日   单位：元

账存金额	实存金额	实存与账存对比结果		盘亏原因
		长款	短款	
5 900	6 000	100		无法查明
处理意见		审批部门	清查小组	使用保管部门
		营业外收入		

主管：　　　　保管使用：　　　　制单：　　　　审批：

业务 44   借款利息费用计算表

2016 年 01 月 31 日   单位：元

借款日期	借款用途	本金	年利率	借款期限	已提利息	当月利息
2015 年 7 月 1 日	周转资金	200 000	5%	12 个月		

主管：   审核：   制单：

业务 45   金利公司材料出库单

收货单位：仕奇公司   年   月   日   单位：元

材料名称	计量单位	数量	单位成本	金额
涤纶面料	米	400	20.00	8 000.00
合计		400		￥8 000.00

主管：   审核：   制单人：

业务 46   增值税计算表

2016 年 01 月 31 日

序号	项目	金额	备注
1	当期进项税		
2	当期进项税转出		
3	当期销项税		
4	当期增值税		

业务 47　　　　　　城市维护建设税及教育费附加计算表

2016 年 01 月 31 日

项目	金额	备注
当期销售额		
销项税额		
进项税额		
应纳增值税额		
流转税额合计		
应纳城市维护建设税额（7%）		
应交教育费附加（3%）		
应交地方教育费附加（2%）		

会计主管：　　　　　　　　　复核：　　　　制表：

业务 48　　　　　　　　　坏账准备计算表

2016 年 01 月 31 日

项目	金额	备注
坏账准备期初余额		
本期转销的坏账准备		
坏账准备计提前余额		
应收账款期末余额		
坏账率		
坏账准备期末余额		
本期应计提坏账准备		

业务 49　　　　　　　　　　股票公允价值变动表
　　　　　　　　　　　　　　2016 年 01 月 31 日

项目	内容	备注
股票代码		
公司名称		
买入日期		
买入数量		
买价		
期末公允价值		
公允价值变动		
公允价值变动总额		

业务 50　　　　　　　　　　无形资产摊销计算表
　　　　　　　　　　　　　　2016 年 01 月 31 日

项目	内容	备注
名称	专利权	
实际成本	120 000 元	
使用日期	2013 年 1 月	
预计摊销期限	10 年	
已摊销额		
当月摊销		
净值		

业务 51　　　　　　　　损益类账户本月发生额汇总表

2016 年 01 月

项目	金额	项目	金额
主营业务收入		主营业务成本	
其他业务收入		其他业务成本	
营业外收入		营业税金及附加	
投资收益		管理费用	
公允价值变动损益		销售费用	
		财务费用	
		资产减值损失	
		营业外支出	
合计		合计	

业务 52　　　　　　　　应交所得税计算表

2016 年 01 月 31 日

项目		金额
利润总额		
调整项目	加：	
	减：	
本月应纳税所得额		
所得税税率		
本月应交所得税		

主管：　　　　　　　　复核：　　　　　　　　制表：

业务 53　　　　　　　　　净利润计算表
　　　　　　　　　　　　　2016 年 01 月

项目	金额
本月利润总额	
所得税费用	
本月净利润	
本年净利润	

主管：　　　　　　　复核：　　　　　　　制表：

业务 54　　　　　　　　利润分配项目计算表
　　　　　　　　　　　　2016 年 01 月 31 日

项目	比例	金额	备注
年初未分配利润			
当年净利润			
提取法定盈余公积	10%		
提取任意盈余公积	5%		
向投资者分配利润			
未分配利润			

主管：　　　　　　　复核：　　　　　　　制表：

科目汇总表

2016年01月1日至15日　　　　　　　　　　　汇字第1号

会计科目	账页	借方发生额	贷方发生额	记账凭证起讫号数
				略

科目汇总表

2016 年 01 月 16 日至 31 日　　　　　　　　　　　　　汇字第 2 号

会计科目	账页	借方发生额	贷方发生额	记账凭证起讫号数
				略
合计				

试算平衡表

2016 年 01 月

账户名称	期初余额		本期发生额		期末余额	
	借方	贷方	借方	贷方	借方	贷方

续表

账户名称	期初余额		本期发生额		期末余额	
	借方	贷方	借方	贷方	借方	贷方

资产负债表

会企01

编制单位： 年 月 日 单位：元

资产	期末余额	年初余额	负债和所有者权益	期末余额	年初余额
流动资产：			流动负债：		
货币资金			短期借款		
交易性金融资产			应付票据		
应收票据			应付账款		
应收账款			预收账款		
预付账款			应付职工薪酬		
应收利息			应交税费		
应收股利			应付利息		
其他应收款			应付股利		
存货			其他应付款		
一年内到期的非流动资产			一年内到期的非流动负债		
其他流动资产			其他流动负债		
流动资产合计			流动负债合计		
非流动资产：			非流动负债：		
长期股权投资			长期借款		
固定资产			应付债券		

续表

资产	期末余额	年初余额	负债和所有者权益	期末余额	年初余额
在建工程			长期应付款		
无形资产			递延所得税负债		
长期待摊费用			其他非流动负债		
其他非流动资产			非流动负债合计		
非流动资产合计			负债合计		
			所有者权益:		
			实收资本		
			资本公积		
			盈余公积		
			未分配利润		
			所有者权益合计		
资产合计			负债和所有者权益合计		

利 润 表

编制单位：　　　　　　　　　　　　年　月　　　　　　　　　　　　单位：元

项目	行次	上期数	本期数
一、营业收入			
减：营业成本			
营业税金及附加			
管理费用			
销售费用			
财务费用			
加：投资收益（亏损以"-"号填列）			
二、营业利润（亏损以"-"号填列）			
加：营业外收入			
减：营业外支出			
三、利润总额（亏损以"-"号填列）			
减：所得税费用			
四、净利润			

现金流量表

编制单位：　　　　　　　　　年　　月　　　　　　　　　　　　单位：元

项目	行次	金额
一、经营活动产生的现金流量		
销售商品、提供劳务收到的现金	1	
收到的税费返还	2	
收到的其他与经营活动有关的现金	3	
现金流入小计	4	
购买商品、接受劳务支付的现金	5	
支付给职工以及为职工支付的现金	6	
支付的各项税费	7	
支付的其他与经营活动有关的现金	8	
现金流出小计	9	
经营活动产生的现金流量净额	10	
二、投资活动产生的现金流量		
收回投资所收到的现金	11	
取得投资收益所收到的现金	12	
处置固定资产、无形资产和其他长期资产所收回的现金净额	13	
处置子公司及其他营业单位收到的现金净额	14	
收到的其他与投资活动有关的现金	15	
现金流入小计	16	
购建固定资产、无形资产和其他长期资产所支付的现金	17	
投资所支付的现金	18	
取得子公司及其他营业单位支付的现金净额	19	
支付的其他与投资活动有关的现金	20	
现金流出小计	21	

续表

项目	行次	金额
投资活动产生的现金流量净额	22	
三、筹资活动产生的现金流量		
吸收投资所收到的现金	23	
借款所收到的现金	24	
收到的其他与筹资活动有关的现金	25	
现金流入小计	26	
偿还债务所支付的现金	27	
分配股利、利润或偿付利息所支付的现金	28	
支付的其他与筹资活动有关的现金	29	
现金流出小计	30	
筹资活动产生的现金流量净额	31	
四、汇率变动对现金的影响额	32	
五、现金及现金等价物净增加额	33	
补充资料		
1. 将净利润调节为经营活动的现金流量		
净利润	34	
加：计提的资产减值准备	35	
固定资产折旧	36	
无形资产摊销	37	
长期待摊费用摊销	38	
待摊费用减少（减：增加）	39	
预提费用增加（减：减少）	40	
处置固定资产、无形资产和其他长期资产的损失（减：收益）	41	

续表

项目	行次	金额
固定资产报废损失	42	
公允价值变动损益	43	
财务费用	44	
投资损失（减：收益）	45	
递延所得税负债（减：递延所得税资产）	46	
存货的减少（减：增加）	47	
经营性应收项目的减少（减：增加）	48	
经营性应付项目的增加（减：减少）	49	
其他	50	
经营活动产生的现金流量净额	51	
2. 不涉及现金收支的投资和筹资活动：		
债务转为资本	52	
一年内到期的可转换公司债券	53	
融资租入固定资产	54	
3. 现金及现金等价物净增加情况		
现金的期末余额	55	
减：现金的期初余额	56	
加：现金等价物的期末余额	57	
减：现金等价物的期初余额	58	
现金及现金等价物净增加额	59	

制表人：　　　　　　　　　　　　　　　　　　　会计主管：

单位负责人：

参 考 文 献

[1] 杨文会. 会计实务实训 [M]. 北京：科学出版社，2012.
[2] 吴韵琴. 基础会计操作技能实训 [M]. 北京：中国人民大学出版社，2013.
[3] 吴玉湘. 新编基础会计实训教程 [M]. 大连：东北财经大学出版社，2014.
[4] 孙桂春. 会计基础实训 [M]. 北京：北京理工大学出版社，2015.
[5] 中华会计网校. 经济法 [OL]. 2016.
[6] 东奥会计在线. 经济法 [OL]. 2016.